FORSCHUNGSBERICHTE DES LANDES NORDRHEIN-WESTFALEN
Nr. 2429

Herausgegeben im Auftrage des Ministerpräsidenten Heinz Kühn
vom Minister für Wissenschaft und Forschung Johannes Rau

Ing.-Forestal Gerardo Soto Urbina

Professor an der Universität Austral, Valdivia, Chile

Dipl.-Holzwirt Claus von Bismarck

Wilhelm-Klauditz-Institut für Holzforschung
an der Techn. Universität Braunschweig
Fraunhofer-Gesellschaft e.V.

Untersuchungen über das Brandverhalten
von ungeschützten Spanplatten
in Abhängigkeit vom Plattentyp und
Folgerungen für eine optimale Anwendung
von Feuerschutzmitteln

Westdeutscher Verlag 1974

© 1974 by Westdeutscher Verlag GmbH, Opladen
Gesamtherstellung: Westdeutscher Verlag

ISBN-13: 978-3-531-02429-5   e-ISBN-13: 978-3-322-88264-6
DOI: 10.1007/978-3-322-88264-6

Inhalt

1. Einleitung und Problemstellung 5
2. Versuchsmaterial 7
   2.1 Plattenherstellung 7
   2.2 Schutzmittelanwendung 9
3. Prüfmethode 9
   3.1 WKI-Brandschacht 9
   3.2 Prüfkriterien 10
4. Prüfergebnisse 11
   4.1 Brandverhalten ungeschützter Flachpreßplatten
       in Abhängigkeit von Herstellbedingungen und
       vom Bindemittel 11
   4.2 Ableitung einer dimensionslosen Kennzahl
       (Brandfaktor BF) zur Einstufung des Brand-
       verhaltens von ungeschützten und geschützten
       Spanplatten 16
   4.3 Brandfaktor BF von ungeschützten Spanplatten
       aus Kiefern- und Buchenholz 18
   4.4 Brandverhalten sowie Festigkeitseigenschaften
       von Spanplatten mit verschiedenen Schutzmitteln
       in Abhängigkeit von Einbringart und Aufwand
       im Vergleich mit ungeschützten Platten 18
   4.5 Brandfaktor BF von ungeschützten und
       geschützten Wabenplatten 21
   4.6 Schutzmitteleinsparung durch Einstellen
       günstiger Platteneigenschaften bei der
       Herstellung von flammgeschützten Flachpreßplatten
       mit Harnstoffharzverleimung 23
5. Zusammenfassung 24
6. Literaturverzeichnis 27
7. Abbildungen 29

Untersuchungen über das Brandverhalten von ungeschützten
Spanplatten in Abhängigkeit vom Plattentyp und Folgerungen für eine optimale Anwendung von Feuerschutzmitteln

1. <u>Einleitung und Problemstellung</u>

In den letzten Jahren hat das Interesse von Behörden, Verbrauchern, Holz- und Forstwirtschaft an der Schwerentflammbarkeit von Holzwerkstoffen an Gewicht gewonnen. Diese Tatsache hat u. a. dazu geführt, daß man die Schwerentflammbarmachung im Interesse schneller Lösungen unter teilweiser Vernachlässigung wichtiger Grundlagen, wie z. B. den Einfluß von Herstellbedingungen und Eigenschaften ungeschützter Platten auf das Brandverhalten, vorangetrieben hat. So sind aus der Literatur eine ganze Reihe von Arbeiten bekannt über Einbringungsmöglichkeiten von Schutzmitteln (STEGMANN, 1956) sowie über die Erprobung und Wirksamkeit von Feuerschutzmitteln, u. a. von DORN und EGNER (1963); DEPPE und LUX (1967); SYSKA (1969); SHEN und FUNG (1972); STEGMANN und SCHORNING (1967).

Im Zusammenhang mit der Anwendung von speziellen Schutzmittelträgern berichtet HERR (1969) über die Zugabe von fibrellierten Cellulosefasern mit Feuerschutzmittelzusätzen zum unbehandelten Spanmaterial.

WELLERD und WENDTNER (1971) haben in einer Bibliographie Veröffentlichungen und Patente zwischen 1959 und 1969 zum Feuerschutz von Span- und Faserplatten zusammengestellt, auf die verwiesen wird.

Dagegen ist die Kenntnis des Brandverhaltens von Holzspanplatten unterschiedlicher Typen im ungeschützten Zustand verhältnismäßig lückenhaft. Nach KOLLMANN und TEICHGRÄBER (1961) sowie

TEICHGRÄBER (1967 und 1968) hat eine höhere Plattenrohdichte und größere Dicke der Platten einen positiven Einfluß auf das Brandverhalten von ungeschützten Platten, d. h. die Brandneigung wird herabgesetzt.

DEPPE (1968) stellte den gleichen Einfluß an geschützten Platten fest. Eine höhere Festharzdosierung (30 %) bei Harnstoffharz als Bindemittel führt nach DEPPE (1968) noch zu keiner ausreichenden Löschwirkung. Über die Auswirkung anderer Einflußfaktoren, wie z. B. die der Spandicke oder des Rohdichteprofils, ist nichts Näheres bekannt.

An gut vergleichbarem, im Institut hergestellten ungeschützten Plattenmaterial sollte daher der Einfluß von Rohdichte, Plattendicke, Spandicke, Rohdichte-Profil des Plattenquerschnitts sowie Art und Menge des Bindemittels auf das Brandverhalten ermittelt werden. In diese Untersuchungen wurden auch Holzspankörper mit stark profilierten und dadurch größeren Oberflächen (Wabenplatten) sowie die Zugabe von Rinde zu den Holzspänen und deren Auswirkung auf das Brandverhalten mit einbezogen.

Um Holzspanplatten schwerentflammbar zu machen, ist die Anwendung von Feuerschutzmitteln notwendig. Bei der Zugabe von Schutzmitteln treten allerdings infolge Unverträglichkeitserscheinungen mit den Bindemitteln - insbesondere bei Phenolformaldehydharzen - in der Regel Festigkeitsminderungen ein. DEPPE und LUX (1967); STEGMANN und SCHORNING (1967). Außerdem erfordert die Erzielung einer ausreichenden Schutzwirkung hohe Schutzmitteldosierungen, wodurch vielfach die Wirtschaftlichkeit in Frage gestellt ist. Deshalb sollte geprüft werden, in welchem Maße sich durch günstigen Plattenaufbau der Schutzmittelanteil verringern bzw. die Platteneigenschaften verbessern lassen, ohne die Schutzwirkung zu beeinträchtigen. Bei diesen Untersuchungen wurden neben den als gut wirksam und relativ preiswert bekannten

Schutzmitteln Borax und Borsäure auch von SCHORNING und STEGMANN (1972) - vor allem für die Anwendung bei phenolharzgebundenen Platten - erarbeitete Schutzmittelkombinationen mit Polyphosphat und Bromverbindungen angewandt.

2. Versuchsmaterial

2.1 Plattenherstellung

Die Versuchsplatten wurden unter folgenden einheitlichen Bedingungen gefertigt:

Spanvliesformung : Handstreuung in Formkästen
Preßtemperatur : 160° C bei Harnstoff- bzw. 180° C bei Phenol-Formaldehydharz als Bindemittel
Preßzeit : bei Harnstoffharz 0,3 min/mm bzw. bei Phenolharz 0,55 min/mm Plattendicke
Preßdruck : variabel (ohne Maximaldruckbegrenzung)

2.11 Ungeschützte Flachpreßplatten

Zur Untersuchung des Einflusses der verschiedenen unter Abschnitt 1. genannten Faktoren auf das Brandverhalten von ungeschützten Platten wurden in mehreren Versuchsreihen Spanplatten mit folgenden Rohstoffen und in Kombination folgender Varianten hergestellt, wobei die Variation der einzelnen Faktoren nach mathematisch-statistischen Gesichtspunkten erfolgte:

Holz- und Spanart : Kiefer, Schneidspan
Spandicke : 0,2 ....0,6 mm
Plattenrohdichte : 400 ....900 kg/m^3
Plattendicke : 8 ....24 mm
Bindemittelart : Harnstoff- und Phenol-Formaldehydharz
Bindemittelanteil : 8 ....12 %, bezogen auf trockene Späne
Rohdichteprofil : Rohdichtedifferenzierung r_{uD}/r_{uM} 1,0..1,6

Die unterschiedlichen Rohdichteprofile wurden durch Variation der Verdichtungsgeschwindigkeit beim Preßvorgang erzeugt. Langsame Verdichtung ergab eine geringere Rohdichtedifferenzierung zwischen Außen- und Mittelzone, d. h. ein flaches Rohdichteprofil, schnelle Verdichtung eine stärker ausgeprägte Rohdichtedifferenzierung, d. h. ein steileres Rohdichteprofil des Plattenquerschnittes.

Zur Erfassung des Holzarteneinflusses wurden ergänzend Spanplatten aus Buchenholz-Schneidspänen hergestellt, wobei außer Plattenrohdichte und Bindemitteltyp die Verdichtungsgeschwindigkeit variiert wurde. Folgende Herstellbedingungen blieben konstant: Spandicke: 0,3 mm, Plattendicke: 20 mm, Bindemittelaufwand: 8 % Festharz. Spanvliesformung, Preßtemperatur und Preßzeit, wie zuvor angegeben.

2.12 Rindenplatten

Um den Einfluß der Zugabe von Kiefernrinde zu Kiefernholzspänen festzustellen, wurden in einer weiteren Versuchsreihe Platten mit unterschiedlichen Anteilen (zwischen 5 % und 90 %) an Rinde gefertigt. Alle sonstigen Herstellbedingungen wurden konstant gehalten: Plattendicke 20 mm, Rohdichte 700 kg/m^3, 8 % Harnstoff-Formaldehydharz, Verdichtungsgeschwindigkeit 60 mm/min.

2.13 Wabenplatten

Die Herstellung dieses Plattentyps erfolgte mit speziellen Preßwerkzeugen. Hierbei wird die Oberfläche der Spanmatte beim Pressen durch Kegelstümpfe oder ähnliche an den Preßplatten befestigte Körper so verformt, daß ein Plattenquerschnitt entsteht, der in seiner Form einem Gitter ohne Zug- und Druckgurte entspricht. Dieser Spankörper wird als "Wabenplatte" bezeichnet.

Bindemittel: 8 % Harnstoff-Formaldehydharz, Plattendicke 20 mm, Plattenrohdichte 700 kg/m^3 (netto) bzw. 450 kg/m^3 (brutto)

2.14 Geschützte Platten

Für die mit Feuerschutzmitteln behandelten Platten wurden Schneidspäne aus Kiefern- und Buchenholz sowie ein Industriespangemisch verwendet. Variiert wurde das Bindemittel (Harnstoff- und Phenol-Formaldehydharz) und das Rohdichteprofil. Hierbei sind Platten, die mit einer sehr geringen Verdichtungsgeschwindigkeit (20 mm/min) gefahren wurden, solchen mit einer extrem hohen Verdichtungsgeschwindigkeit (140 mm/min) gegenübergestellt worden.

2.2 Schutzmittelanwendung

Folgende Feuerschutzmittel und Einbringungsarten wurden angewendet.

a) Borsäure in Pulverform, Mischung mit den beleimten Spänen. Variation der Schutzmittelmenge zwischen 5 % und 15 %.

b) Borsäure/Borax im Verhältnis 1 : 1 in Lösungen unterschiedlicher Konzentration (5 ... 15%ige Lösung), Tränken der getrockneten, unbeleimten Späne, Abschleudern der überschüssigen Flüssigkeit und Nachtrocknen.

c) Na-Polyphosphat und Na-Tripolyphosphat in Kombination mit Bromverbindungen, Aufsprühen einer hochkonzentrierten Lösung auf die trockenen, unbeleimten Späne und Zwischentrocknung. Aufwand : 15 % Feststoff.

3. Prüfmethode

3.1 WKI-Brandschacht

Für die Brandprüfungen kam es darauf an, ein Prüfgerät einzu-

setzen, mit dem sich Reihenuntersuchungen ohne großen Aufwand
an Probenmaterial durchführen lassen, und das vor allem bei
geringfügigen Unterschieden der technologischen Eigenschaften
reproduzierbare und deutliche Aussagen über das Brandverhalten
zuläßt.

Als Weiterentwicklung des VER-Brandprüfkleingerätes (SCHORNING
und STEGMANN. 1968) entstand der kleine WKI-Brandschacht
(MEHLHORN und SOTO, 1971), der diesen Anforderungen weitgehend
entspricht.

Bild 1 zeigt die Ansicht dieses Gerätes. Es wurde so konstruiert,
daß das Gerät für den Betrieb in den Brandraum des großen DIN-
Schachtes eingesetzt werden kann. Je Brandversuch wird eine Pro-
be in den Flächenabmessungen 385 x 80 mm benötigt. Die Prüfbedingungen wurden auf Grund umfangreicher Vorversuche so festge-
legt, daß das Brandverhalten vor allem bei ungeschützten, aber
auch bei geschützten Platten gut differenzierbar erfaßt werden
kann. Die dabei zugrundegelegte Wärmezufuhr von 10,8 kcal/min
ist allerdings geringer als bei SCHORNING und STEGMANN (1972),
die - allerdings bei Versuchen an geschützten Platten - mit einer Wärmezufuhr von ca. 25 kcal/min arbeiteten und auch geringer
als die der meisten von KOLLMANN (1960) beschriebenen Kleinge-
räte. Lediglich beim Inclined Panel Test nach BS 476 liegt die
Energiezufuhr mit 1,8 kcal/min noch tiefer.

3.2 Prüfkriterien

Da zu erwarten war, daß sich die verschiedenen Einflußfaktoren
durch ein einziges Prüfkriterium, etwa das der Rauchgastemperatur, nicht eindeutig erfassen lassen. wurden während des Brandablaufes mehrere Prüfkriterien ermittelt, und zwar:

a) maximale Rauchgastemperatur (T_{max}) in °C, gemessen an Thermo-
elementen im Abzugskamin (siehe auch Bild 1)

b) mittlere Rauchgastemperatur ($T_{\bar{x}}$) in °C (Mittelwert aus Temperaturmeßwerten, in Abständen von 20s während des Versuchsablaufes gemessen)

c) maximale Flammenhöhe (Fh_{max}) in cm, definiert als Differenz aus der absoluten Flammenhöhe abzüglich der konstanten Bunsenbrennerflammenhöhe)

d) mittlere Flammenhöhe ($Fh_{\bar{x}}$) in cm (Mittelwert aus Messungen im Abstand von 30s)

e) Zeit bis zum Erreichen einer Rauchgastemperatur von 74°C, (t_{74}) (Festlegung eines Erfahrungswertes, der auch von geschützten Platten erreicht wird und Auskunft über die Schnelligkeit des Temperaturanstiegs in der Anfangsphase des Brandablaufes vor Wirksamwerden der Verkohlung gibt)

f) Zeit bis zum Durchbrand (t_D) (wurde nur an einigen Proben ermittelt)

Andere Kriterien, die anfänglich mit untersucht wurden, wie z. B. Eindringtiefe der verbrannten Zone, Restlänge der unverbrannten Teilstücke, wurden wegen der Schwierigkeit einer objektiven Bewertung an den hier hauptsächlich untersuchten ungeschützten Platten bei den weiteren Prüfungen nicht mehr berücksichtigt.

4. Prüfergebnisse

4.1 Brandverhalten ungeschützter Flachpreßplatten in Abhängigkeit von Herstellbedingungen und vom Bindemittel

Tabelle 1 zeigt die Wirkungen der verschiedenen Platteneigenschaften auf einige Prüfkriterien beim Brandversuch. Aus dieser

Tabelle 1 Einfluß der Herstellbedingungen von ungeschützten Spanplatten auf einige Prüfkriterien beim Brandversuch im WKI-Brandschacht

Zielgrößen

Einflußgrößen	Harnstoff-Formaldehydharzverleimung				Phenol-Formaldehydharzverleimung			
	Fh_{max}	t_{74}	T_{max}	t_D	Fh_{max}	t_{74}	T_{max}	t_D
Spandicke	+	−	+	O	O	O	+	−
Plattendicke	−	+	−	+	O	O	+	+
Plattenrohdichte	−	+	−	+	−	+	O	+
Rohdichte-Differenzierung	+	−	+	O	+	−	+	O
Bindemittelmenge	−	−	O	O	−	+	−	O

Einfluß: + gleichsinnig,   − gegensinnig,   O nicht gesichert

Tabelle geht hervor, daß alle in die Untersuchungen einbezogenen Parameter das Brandverhalten der ungeschützten Platten beeinflussen. Diese Einflüsse wirken sich allerdings bei den Prüfergebnissen unterschiedlich aus.

So erhöht zum Beispiel eine größere Spandicke bei Harnstoffharzplatten die maximalen Flammen- und Temperaturwerte, verkürzt die Zeit bis Erreichen von 74° C Rauchgastemperatur, während sie auf den Durchbrand keinen gesicherten Einfluß zeigt.

Die deutlichsten Zusammenhänge zwischen den verschiedenen Einflußfaktoren Spandicke, Plattendicke, Rohdichte und Rohdichtedifferenzierung (Verhältnis Rohdichte Außenzone zu Rohdichte Mittelzone) sowie Art und Menge des Bindemittels und den Prüfkriterien maximale Flammenhöhe, maximale Rauchgastemperatur, Zeit bis Erreichen von 74° C Rauchgastemperatur und Zeit bis zum Durchbrand, die sich bei der Auswertung der Ergebnisse herausgestellt haben, sind in den Bildern 2 bis 6 wiedergegeben.

Bild 2 zeigt den Einfluß der Rohdichtedifferenzierung (Verhältnis r_{uD}/r_{uM}) und der Plattenrohdichte bei einschichtigen Spanplatten mit Harnstoff- und Phenol-Formaldehydharz als Bindemittel auf die maximale Flammenhöhe (Fh_{max}) als Prüfkriterium. Es ist ersichtlich, daß die Flammenhöhe mit steigender Rohdichtedifferenzierung, also steilerem Rohdichteprofil, zunimmt. Höhere Plattenrohdichte dagegen bewirkt bei gleicher Rohdichtedifferenzierung eine geringere Flammenhöhe. Harnstoffharzgebundene Platten zeigen höhere Flammenwerte, d. h. ein ungünstigeres Brandverhalten als phenolharzgebundene Platten.

Aus der Literatur ist jedoch bekannt, daß phenolharzgebundene Platten ein ungünstigeres Brandverhalten aufweisen (DEPPE, 1968) als carbamidharzverleimte Platten. SCHORNING und STEGMANN (1972) verwenden sogar einen Inhibitorzusatz zur Herabsetzung der Eigenbrandtendenz bei Phenolharz. Allerdings geben DEPPE und

LUX (1967) nach Untersuchungen der Flammenausbreitung mit einem
Reihengasbrenner den Hinweis, daß Phenolharzplatten unter gewissen Bedingungen geringere Masseverluste und weniger zerstörte
Restlänge zeigten als Harnstoffharzplatten, führen diese entgegengesetzte Tendenz aber auf eine zu starke Krümmung der Platten
beim Brandversuch zurück, wobei der untere Teil intensiver beflammt wurde als der obere.

Daß bei den Brandversuchen im kleinen WKI-Brandschacht - im Gegensatz zu anderen Untersuchungsergebnissen - die Phenolharzplatten besser abschneiden als die harnstoffharzgebundenen
Platten, kann nur auf die Prüfbedingungen, insbesondere auf die
relativ geringe Energiezufuhr, zurückzuführen sein. Unter diesen
vielleicht etwas "milden" Prüfbedingungen reagiert das Phenol-
Formaldehydharz wahrscheinlich etwas träger als Harnstoffharz.
Die bekannten negativen Eigenschaften werden sich erst bei
noch stärkerer Entwicklung des Brandgeschehens bemerkbar machen.
Man könnte aus diesem Ergebnis ableiten, daß sich Phenolharzplatten in der ersten Phase eines Entstehungsbrandes zunächst
günstiger verhalten als Harnstoffharzplatten.

Bild 3 zeigt den Einfluß von Rohdichtedifferenzierung und
Plattenrohdichte bei Harnstoff- und Phenolharzplatten auf die
Zeit bis Erreichen von 74°C Rauchgastemperatur (t_{74}).
Mit zunehmender Rohdichtedifferenzierung und geringerer Plattenrohdichte wird die Zeit kürzer und somit das Brandverhalten ungünstiger. Hohe Plattenrohdichte und geringe Rohdichtedifferenzierung dagegen bewirken die stärkste Verzögerung des
Brandablaufes, d. h. t_{74} wird verlängert. (Vergl. auch Bild 2,
das bei diesem Plattentyp die geringste maximale Flammenhöhe
aufweist). Der Einfluß des Bindemittels überschneidet sich
teilweise. In Abhängigkeit von der Rohdichtedifferenzierung
ist bei einem sehr kleinen Verhältniswert von r_{uD}/r_{uM} die Zeit
bis zum Erreichen von 74° C bei Phenolharz und bei einem größeren Verhältnis r_{uD}/r_{uM} bei Harnstoffharz länger. Das bei allen

anderen Prüfkriterien festgestellte günstigere Verhalten von
Phenolharzplatten ist hier nicht so deutlich ausgeprägt.

Die aus einer multiplen Regression berechneten Kurven in den
<u>Bildern 2 und 3</u> geben die Zusammenhänge zwischen Platteneigen-
schaften und Prüfkriterien mit relativ hohen Bestimmtheitsma-
ßen wieder. Unberücksichtigt blieb ein durch die Versuchsan-
ordnung bedingter Zusammenhang zwischen Plattenrohdichte und
-feuchte, der den Rohdichteeinfluß zwar etwas abschwächen
könnte, die aufgezeigte Tendenz (günstiges Brandverhalten bei
hoher bzw. gleicher Plattenrohdichte und geringer Rohdichtedifferenzierung) aber nicht ändert.

In <u>Bild 4</u> wird der Einfluß von Rohdichtedifferenzierung und
Spandicke bei Harnstoff- und Phenolharzplatten auf die maximale Rauchgastemperatur wiedergegeben. Zunehmende Rohdichtedifferenzierung und Spandicke verursachen eine höhere Rauchgastemperatur. Harnstoffharzgebundene Platten ergeben auch
hier höhere Temperaturwerte als Phenolharzplatten.

Die Zeit bis zum Durchbrand (t_D) in Abhängigkeit von Plattenrohdichte und Plattendicke bei harnstoffharzgebundenen Platten ist in <u>Bild 5</u> dargestellt. Je dicker die Platten, um so
länger wird erwartungsgemäß die Zeit bis zum Durchbrand. Bei
dünnen 8 mm Platten ist der Einfluß der Plattenrohdichte gering, bei dickeren Platten wird die Zeit bis zum Durchbrand
mit zunehmender Plattenrohdichte wesentlich stärker verlängert. So verdoppelt sich die Zeit bis zum Durchbrand z. B.
bei einer 20 mm dicken Platte bei einer Erhöhung der Plattenrohdichte von 600 kg/m^3 auf 800 kg/m^3.

Den Einfluß des Bindemittelgehaltes bei harnstoff- und phe-
nolharzgebundenen Platten aus Kiefernholz auf die maximale
Flammenhöhe (Fh_{max}) und auf die Zeit bis Erreichen von 74° C
Rauchgastemperatur (t_{74}) gibt <u>Bild 6</u> wieder.

Der Einfluß ist relativ gering. Die maximale Flammenhöhe verringert sich bei beiden Harztypen etwas mit zunehmendem Bindemittelgehalt. Auch hier wieder liegt Phenolharz günstiger als Harnstoffharz. Auf die Zeit bis zum Erreichen von 74° C Rauchgastemperatur als Prüfkriterium zeigen die Harztypen eine entgegengesetzte Tendenz. Während die Zeit für t_{74} bei Harnstoffharz geringfügig verringert wird, erhöht sich diese bei Phenolharz mit steigendem Bindemittelgehalt.

4.2 Ableitung einer dimensionslosen Kennzahl (Brandfaktor BF) zur Einstufung des Brandverhaltens von ungeschützten und geschützten Spanplatten

Versuche, das Brandverhalten von Holzwerkstoffen nicht nur qualitativ, sondern auch quantitativ mit Hilfe von Kennzahlen zu bewerten, sind bereits verschiedentlich vorgenommen worden. So verwendete SEEKAMP (1954) zur Klassifizierung der Brennbarkeit von Spanplatten ein Brennbarkeitsmaß Br, indem das Integral des Gewichtsverlustes über der Zeit, bezogen auf das Anfangsgewicht, herangezogen wurde. Als dimensionsloses Brennmaß ß hatte KOLLMANN (1960) das Verhältnis der durch die Verbrennung freigewordenen Energie zum Gesamtenergieumsatz vorgeschlagen. C.v.BISMARCK (1955) benutzte eine Zündwertvergleichszahl V_{z1} zur Beurteilung der Brennbarkeit nach einer von JENTSCH entwickelten Formel, in die mehrere Prüfkriterien (Selbstzündungspunkt, oberer Zündwert und Zündverzug) einbezogen waren. Um das Brandverhalten unter den Bedingungen im kleinen WKI-Brandschacht durch einen Maßstab zu kennzeichnen und in bezug zu einer schwer entflammbaren Platte bringen zu können, wurde ein Brandfaktor BF berechnet. Hierbei sind mehrere Prüfkriterien (maximale Rauchgastemperatur, maximale Flammenhöhe, mittlere Rauchgastemperatur, mittlere Flammenhöhe und Zeit bis Erreichen von 74° C zu einem Vergleichswert, der auf die Meßwerte einer schwerentflammbaren Vergleichsplatte (BF = 1,0) bezogen wurde, zusammengefaßt worden. (Vergl. auch Abschnitt 3.2)

Tabelle 2 Einfluß der Einbringungsart des Feuerschutzmittels auf das Brandverhalten und die Festigkeitseigenschaften von einschichtigen, 20 mm dicken Spanplatten aus Kiefernholz (BM = 8 % Harnstoff-Formaldehydharz)

Pl.Nr.	SM in Platten soll	SM in Platten ist	r_{uD}/r_{uM}	r_{upl} (kg/m³)	σ_{bB} (kp/cm²)	$\sigma_{zB\perp}$ (kp/cm²)	BF (Brandfaktor)
Tränkung der unbeleimten Späne mit Borax-Borsäurelösung							
103	0	0	1,46	686	293	11,4	2,78
139	5	4,3	1,59	699	238	6,6	1,50
138	10	7,6	1,55	704	220	6,8	1,04
137	15	10,2	1,56	688	228	6,6	0,86
Untermischung von Borsäure-Pulver unter die beleimten Späne							
103	0	0	1,46	686	293	11,4	2,78
117	6	3,3	1,46	689	271	10,3	1,76
118	9	6,3	1,46	690	253	8,0	1,52
119	12	8,1	1,46	690	240	7,6	1,32
120	15	10,3	1,43	690	203	6,8	1,19

Bild 7 zeigt die Wirkung der einzelnen Prüfkriterien auf den Brandfaktor BF. Bei einem BF $>1{,}0$ ist das Brandverhalten ungünstiger und bei einem BF $<1{,}0$ günstiger als das der schwerentflammbaren Vergleichsplatte zu beurteilen.

4.3 Brandfaktor BF von ungeschützten Spanplatten aus Kiefern- und Buchenholz

Aus Bild 8 ist ersichtlich, daß bei ungeschützten Platten der Brandfaktor BF mit steigender Plattenrohdichte niedriger wird. Platten aus Kiefernholz zeigten ein ungünstigeres Brandverhalten als solche aus Buchenholz. Phenolharz als Bindemittel erweist sich auch bei diesem Bewertungsverfahren wieder günstiger als Harnstoffharz (vergl. auch Abschnitt 4.1).

4.4 Brandverhalten sowie Festigkeitseigenschaften von Platten mit verschiedenen Schutzmitteln in Abhängigkeit von Einbringart und Aufwand im Vergleich mit ungeschützten Platten

Der Einfluß der Einbringungsart auf den Brandfaktor BF in Abhängigkeit vom Aufwand bei Borsäure-Borax als Schutzmittel ist aus Bild 9 ersichtlich. In Tabelle 2 sind die entsprechenden Festigkeitseigenschaften wiedergegeben.

Die Festigkeitswerte (Tabelle 2) fallen mit zunehmendem Aufwand ab, und zwar zwischen 0 und 5 % wesentlich stärker - insbesondere beim Tränkverfahren - als zwischen 5 und 15 % Aufwand. Bei gleichem Aufwand zeigt die Tränkbehandlung der Späne ein günstigeres Brandverhalten (kleinerer Brandfaktor BF) als die Untermischung des Pulvers (Tabelle 2 und Bild 9).

Deutlich unterscheidet sich auch der Verlauf der Rauchgastemperatur zwischen ungeschützten und mit Borax-Borsäure ge-

Tabelle 3 Eigenschaften von einschichtigen 20 mm dicken Spanplatten aus Kiefernholz ohne und mit verschiedenen Feuerschutzmitteln bei Harnstoff-Formaldehydharz-Verleimung (A) und Phenol-Formaldehydharz-Verleimung (B). Bindemittelanteil: 8 %

	Pl.-Nr.	Feuerschutzmittel (Aufwand 15 %)	r_{uD}/r_{uM}	r_u (kg/m^3)	σ_{bB} (kp/cm^2)	σ_{zBl} (kp/cm^2)	σ_{zBl} V100 (kp/cm^2)	BF (Brandfaktor)
A	515 516	– –	1,27 1,11	678 666	265 236	9,1 11,5	– –	2,64 2,51
	511 512	+ Borax-Borsäure 1:1 + Borax-Borsäure 1:1	1,29 1,21	667 690	177 164	3,7 2,9	– –	0,75 0,60
	523 524	++ Na-Polyphosphat + Bromverb. ++ Na-Polyphosphat + Bromverb.	1,30 1,03	690 710	220 210	6,1 4,5	– –	1,28 1,37
	536 537	++ Na-Tripolyphosphat + Bromverb. ++ Na-Tripolyphosphat + Bromverb.	1,46 1,28	680 668	150 131	4,1 2,6	– –	1,88 1,64
B	521 209	– –	1,53 1,41	680 693	310 293	11,4 8,3	4,7 5,0	2,06 1,97
	229 230	+ Borax-Borsäure 1:1 + Borax-Borsäure 1:1	1,64 1,52	713 695	73 64	0,5 0,5	zerfallen "	0,98 0,80
	532 533	++ Na-Polyphosphat + Bromverb. ++ Na-Polyphosphat + Bromverb.	1,51 1,00	656 657	203 162	7,0 6,6	2,6 2,3	1,56 1,31
	539 540	++ Na-Tripolyphosphat + Bromverb. ++ Na-Tripolyphosphat + Bromverb.	1,50 1,05	647 696	193 216	7,5 7,5	3,1 2,6	1,58 1,31

+ Tränkung der unbeleimten Späne   ++ Besprühung der unbeleimten Späne

schützten Proben, wie aus Bild 10 zu ersehen ist. Typisch sind die Temperaturspitzen in der 3. und 4. Minute bei den ungeschützten Platten, wobei wieder die mit Harnstoffharz verleimte Platte die höhere Temperaturspitze aufweist.

Bild 9 a zeigt den in Platten analytisch festgestellten Borsäuregehalt bei Buche und Kiefer in Abhängigkeit von der Konzentration der Tränklösung. Bei gleicher Konzentration wurde in den Platten aus Kiefernholzspänen ein etwas höherer Borsäuregehalt festgestellt als bei denen aus Buchenholzspänen. Der bei der Plattenherstellung aufgetretene Schwund (Differenz zwischen Aufwand und analytisch an den fertigen Platten bestimmter Borsäuregehalt) ist beim Tränk- und Untermischverfahren etwa gleich hoch (Tabelle 2).

Die Wirkung verschiedener Schutzmittel (gleicher Aufwand von 15 %) auf Festigkeits- und Brandeigenschaften bei Phenol- und Harnstoffharzplatten ist aus Tabelle 3 zu ersehen. Jeweils wurden Spanplatten, die mit hoher (140 mm/min) und mit geringer (20 mm/min) Verdichtungsgeschwindigkeit gepreßt waren, gegenübergestellt. (Herstellbedingungen der Platten siehe Abschnitt 2.14). Es ist ersichtlich, daß - abgesehen von Platte Nr. 524 - bei allen Schutzmitteln die Platten mit der geringeren Rohdichtedifferenzierung ein etwas günstigeres Brandverhalten zeigen als Platten mit steilerem Rohdichteprofil.

Borax-Borsäure weist sowohl bei Harnstoff- als auch bei Phenolharz als Bindemittel das günstigste Brandverhalten mit BF-Werten $\leq 1,0$ auf, allerdings sind die Festigkeitswerte bei den Phenolharzplatten unzureichend. Die Schutzmittel aus Poly- bzw. Tripolyphosphat und Bromverbindungen erreichen zwar auch bei Phenolharz als Bindemittel gute Festigkeitseigenschaften, das Brandverhalten mit BF-Werten $\geq 1,0$ ist jedoch, unter diesen Prüfbedingungen beurteilt, als noch nicht befriedigend anzusehen.

Wie sich die Zugabe von Rinde zu Kiefernspänen bei ungeschützten und mit Borax-Borsäurelösung geschützten Harnstoffharzplatten auf das Brandverhalten (Brandfaktor BF) auswirkt, ist aus Bild 11 zu entnehmen. Bereits bei den ungeschützten Platten sinkt der Brandfaktor mit steigender Rindenzugabe von 2,75 (ohne Rinde) auf 1,6 (mit 70 % Rinde).

Um bei Platten ohne Rindenzugabe eine gute Schutzwirkung mit einem Brandfaktor von 0,8 zu erreichen, ist ein Schutzmittelaufwand von 15 % erforderlich; der gleiche Brandfaktor wird bei 30 % Rindenzugabe mit 8 % und bei 70 % Rinde mit 5 % Schutzmittelaufwand erzielt.

Bei 30 % Rindenzugabe hatten die geschützten Platten noch eine Querzugfestigkeit von 5,5 kg/cm^3 (Bild 12); die Biegefestigkeit (Bild 13) lag zwar nur bei 129 kg/cm^2, jedoch ist dieser Wert für einschichtige Platten noch recht gut. In Bild 13 ist zu erkennen, daß zwischen 0 und 5 % Schutzmittelzugabe die Biegefestigkeit wesentlich stärker abnimmt als bei einer weiteren Erhöhung der Dosierung von 5 % auf 15 %.

4.5 Brandfaktor BF von ungeschützten und geschützten Wabenplatten

Ein sehr günstiges Brandverhalten im Vergleich mit Flachpreßplatten, auch in ungeschütztem Zustand, zeigt die Wabenplatte (MAY, 1974) mit ihren stark profilierten und dadurch größeren Oberflächen (Bild 14). In etwa gleichem Maße wie bei den Rindenplatten sinkt der Brandfaktor von 2,75 (ungeschützte Flachpreßplatte) auf 1,9 bei der mit Harnstoffharz verleimten und auf 1,6 bei der mit Phenolharz verleimten Wabenplatte. Auch hier wieder das günstigere Abschneiden der ungeschützten Phenolharzplatte. Mit steigendem Schutzmittelanteil kehren sich die Verhältnisse jedoch um. Ab ca. 8 % Schutzmittelaufwand liegt der Brandfaktor der mit Harnstoffharz gebundenen Waben-

Tabelle 4   Eigenschaften von 20 mm dicken, geschützten Spanplatten aus Industrie- bzw. Buchenholzspänen (Schutzmitteleinsparung durch Rohdichteprofil- änderung bei gleichem Brandverhalten)
SM: Borax-Borsäure 1:1 in Tränklösung,   BM: 8 % Harnstoffharz

Pl.Nr.	SM-Konz. (%)	v_V (mm/min)	r_{uD}/r_{uM}	ru (kg/m³)	σ_{bB} (kp/cm²)	$\sigma_{zB\perp}$ (kp/cm²)	BF (Brandfaktor)
Industrie-Spänegemisch d∼0,4 mm							
9	15	140	1.35	735	142	5,2	0,85
10	12	20	1.30	735	145	5,6	0,85
Buchenholz-Späne d∼0,25 mm							
511	15	140	1.29	690	200	4,1	0,72
513	12	20	1.19	691	215	4,8	0,68

platte etwas günstiger als bei Phenolharz als Bindemittel.

Während ein Brandfaktor von 1,0 bei Wabenplatten bereits mit 5 % Schutzmittelaufwand erzielt wird, ist bei Flachpreßplatten zum Erreichen des gleichen Brandfaktors mehr als die doppelte Menge an Schutzmitteln erforderlich.

4.6 Schutzmitteleinsparung durch Einstellen günstiger Platteneigenschaften bei der Herstellung von flammgeschützten Flachpreßplatten mit Harnstoffharzverleimung

Aus den in Abschnitt 4.1 beschriebenen Versuchsergebnissen geht u. a. hervor, daß das Brandverhalten von ungeschützten Platten bei gleich hoher Plattenrohdichte und gleicher Dicke durch Einstellen einer geringen Rohdichtedifferenzierung verbessert werden kann. Um die Möglichkeit einer Schutzmitteleinsparung zu erproben, wurden in einer weiteren Versuchsserie Platten aus Industrie-Spänegemisch und Buchenholzspänen, die mit 15 % Schutzmittelaufwand (Borsäure-Borax in Tränklösung) und hoher Verdichtungsgeschwindigkeit (140 mm/min) gefahren waren, solchen, die mit 12 % Schutzmittelaufwand und geringer Verdichtungsgeschwindigkeit (20 mm/min) gefertigt waren, gegenübergestellt. Die Ergebnisse sind aus Tabelle 4 ersichtlich. Die Brandfaktoren BF sind bei den verschiedenen Spänarten zwischen den beiden Plattentypen etwa gleich. Sie liegen bei den Platten aus Buchenholzspänen mit 0,72 bzw. 0,68 noch unterhalb derjenigen aus Industriegemisch, die einen Brandfaktor BF von 0,85 aufweisen. (Einfluß der Holzart, vergl. auch Bild 8). Die Festigkeitswerte der mit geringerem Schutzmittelaufwand hergestellten Platten liegen dabei noch über denen mit höherem Schutzmittelaufwand.

Durch Einstellen eines für das Brandverhalten günstigen Rohdichteprofils (geringe Rohdichtedifferenzierung) bei gleicher Plattenrohdichte ist somit eine Reduzierung der Schutzmittelmenge ohne Beeinträchtigung des Brandverhaltens bei gleichzeitiger Verbesserung der Festigkeitseigenschaften möglich.

Um festzustellen, ob diese beiden Plattentypen beim Brandversuch im DIN-Schacht ebenfalls ein etwa gleiches Brandverhalten zeigen, wurden aus den mit Industriespangut gefertigten Platten entsprechende Brandschachtversuche durchgeführt. <u>Bild 15</u> zeigt den Verlauf der Rauchgastemperatur. Beide Plattentypen erreichen auch hier etwa die gleichen Maximalwerte von ca. 160° C; die Platte mit 15 % Schutzmittelaufwand nach 4,5 min etwas früher als die Platte mit 12 %, die den Maximalwert erst nach 6 min erreicht. Auch waren die nicht verbrannten Restlängen etwa gleich. Wenn auch der Sollwert von 15 cm nicht ganz erreicht wurde, so läßt sich aus diesem Orientierungsversuch ableiten, daß das Brandverhalten dieser beiden mit unterschiedlichem Schutzmittelaufwand hergestellten Plattentypen sich kaum unterscheidet.

5. Zusammenfassung

An ungeschützten Spanplatten aus Kiefern- und Buchenholzspänen wurde der Einfluß von Spandicke, Rohdichte, Rohdichteprofil des Querschnitts sowie Art und Menge des Bindemittels auf das Brandverhalten untersucht. Auch spezielle Spankörper mit stark profilierten und dadurch größeren Oberflächen (Wabenplatten) sowie die Wirkung unterschiedlicher Rindenanteile wurden in die Untersuchungen einbezogen.

An mit ausgewählten Feuerschutzmitteln behandelten Platten ist neben dem Einfluß von Einbringungsart und -menge geprüft worden, in welchem Maße sich durch günstigen Plattenaufbau der Schutzmittelanteil verringern bzw. die Platteneigenschaften verbessern lassen, ohne die Schutzwirkung zu beeinträchtigen.

Die Brandprüfungen erfolgten im kleinen WKI-Brandschacht. Als Maßstab für das Brandverhalten sind in einem Vergleichswert (Brandfaktor BF) mehrere Prüfkriterien zusammengefaßt worden, der auf die Meßwerte einer schwerentflammbaren Platte bezogen wurde (BF = 1.0). Bei einem BF > 1.0 war das Brandverhalten ungünstiger, und bei einem BF < 1.0 günstiger als das der Vergleichsplatten zu beurteilen.

Die Ergebnisse zeigen, daß alle bei den ungeschützten Platten untersuchten Parameter wie Bindemittel (Art und Menge) Spandicke, Plattendicke, Rohdichte und Rohdichteprofil des Querschnitts das Brandverhalten der Platten beeinflussen.

Bei gleicher Plattendicke wirken sich hohe Plattenrohdichte und geringe Rohdichtedifferenzierung günstig auf das Brandverhalten aus.

Platten aus Buchenholzspänen haben einen kleineren Brandfaktor BF bei gleicher Plattendicke als Platten aus Kiefernholzspänen.

Phenolharzgebundene Platten zeigen unter den gewählten Prüfbedingungen (relativ geringe Beflammungsenergie zur besseren Differenzierung des Brandverhaltens an ungeschützten Platten) ein günstigeres Brandverhalten als mit Harnstoffharz verleimte Platten.

Der Zusatz von Rinde wirkt sich günstig auf das Brandverhalten aus. Ebenfalls zeigen Wabenplatten aufgrund ihrer profilierten und damit vergrößerten Oberflächen im Vergleich mit Flachpreßplatten eine geringere Brandneigung.

Durch Einstellen eines günstigen Rohdichteprofils (geringe Rohdichtedifferenzierung) ist bei **harnstoffharzverleimten** Platten gleicher Plattendicke und Rohdichte eine Reduzierung der Schutzmittelmenge ohne Beeinträchtigung der Schutzwirkung bei gleichzeitiger Verbesserung der Festigkeitseigenschaften möglich.

6. Literatur

v. BISMARCK, C. 1955	Untersuchungen über die Zünd- und Brenneigenschaften von Spanplatten und Sperrhölzern Dipl.-Arbeit, Universität Hamburg 1955
HERR, A.K. 1969	Die Herstellung schwerentflammbarer Spanplatten Holz-Zentralblatt 95 (103) : 16 35
DEPPE, H.J., LUX, B.V. 1967	Über die Eignung anorganischer Verbindungen zur Herstellung schwerentflammbarer Holzwerkstoffe (2) Einsatzmöglichkeiten anorganischer Feuerschutzmittel – Holz-Zentralblatt 93 (105): 1645-46
DEPPE, H.J. 1968	Untersuchungen zur Herstellung schwerentflammbarer Holzwerkstoffe Holz als Roh- und Werkstoff 26 (8) : 284-287
DEPPE, H.J. 1968	Möglichkeiten zur Herabsetzung der Entflammbarkeit von Holzspanwerkstoffen Holz-Zentralblatt 94 (59):867-868
DORN, H., EGNER, K. 1963	Untersuchungen über die Schwerentflammbarmachung von Holzspanplatten DGfH Mitt.Nr. 50/1963
KOLLMANN, F. 1960	Vergleichende Prüfungen des Brandgeschehens bei Holz und Holzwerkstoffen im unbehandelten und imprägnierten Zustand mittels verschiedener Kleingeräte Svensk Papperstidning 63 : 208-217
KOLLMANN, F., TEICHGRÄBER, R. 1961	Beitrag zur Prüfung der Brandeigenschaften, insbesondere der Schwerentflammbarkeit von Platten aus Holz und Holzwerkstoffen Holz als Roh- und Werkstoff 19 (5) : 173 - 186
MAY, H.A. 1974	Herstellung von Holzspanplatten mit orientierten Spänen unterschiedlicher Formgebung Holz als Roh- und Werkstoff 32 (5) (im Druck)
MEHLHORN, L., SOTO, G. 1971	Beschreibung des Kleinen-WKI-Brandschachtes WKI-Kurzbericht Nr. M 13/71

SCHORNING, P.,
STEGMANN, G., 1968 u. 1969 — Prüfung des Brandverhaltens von Holzwerkstoffen mit einem neuen, vollautomatischen elektronisch registrierenden Brandprüf-Klein-Gerät (VEK-Brandprüfkleingerät)
1. Mitteilung VFDB-Zeitschrift 17 (1) : 8-14
2. Mitteilung VFDB-Zeitschrift 21 (4) : 133 - 139

SEEKAMP, H. 1954 — Die Klassifizierung der Brennbarkeit holzhaltiger Platten
Holz als Roh- und Werkstoff 12 (&) : 189 - 197

SHEN, K.C., FUNG, D.P.C 1972 — A New Method for Making Particle Board Fire-Retardant
For. Prod. J. 22(8): 46-52

STEGMANN, G.,
SCHORNING, P. 1967 — Entwicklungsarbeiten zur Herstellung schwerentflammbarer Holzspanplatten.
Forschungsbericht d. Landes Nordrhein-Westfalen Nr. 1820

STEGMANN, G. 1956 — Einige Maßnahmen zur Erhöhung der Widerstandsfähigkeit von Holzspanplatten gegen Feuer
FAO/ECE/BOARD CONS./PAPER 5.39
Genf 1.11.1956

SYSKA, A.P. 1969 — Exploratory Investigation of Fireretardant Treatments for Particle Board
U.S. For. Serv. Res. Note. U.S. For. Prod. Lab. No FPL-0201

TEICHGRABER, R. 1967 — Platten aus Holz und Holzwerkstoffen im Brandschachtversuch
DGfH-Bericht 1/67 (Brandverhalten und Feuerschutz von Holz und Holzkonstruktionen)

TEICHGRABER, R. 1968 — Einfluß der Feuchtigkeit und Rohdichte auf Holzwerkstoffe im Brandschachtversuch
DGfH-Mitteilungen Nr. 55/1968

WELLERD, A., WENDT, K. 1971 — Fire-Retardant Wood Fibreboards and Particle Boards
Bibliography LS-71-2, Herausgeber: Borax Consolidated Limited, Inform. Dep.,
Chessington, April 1971

Abbildungen

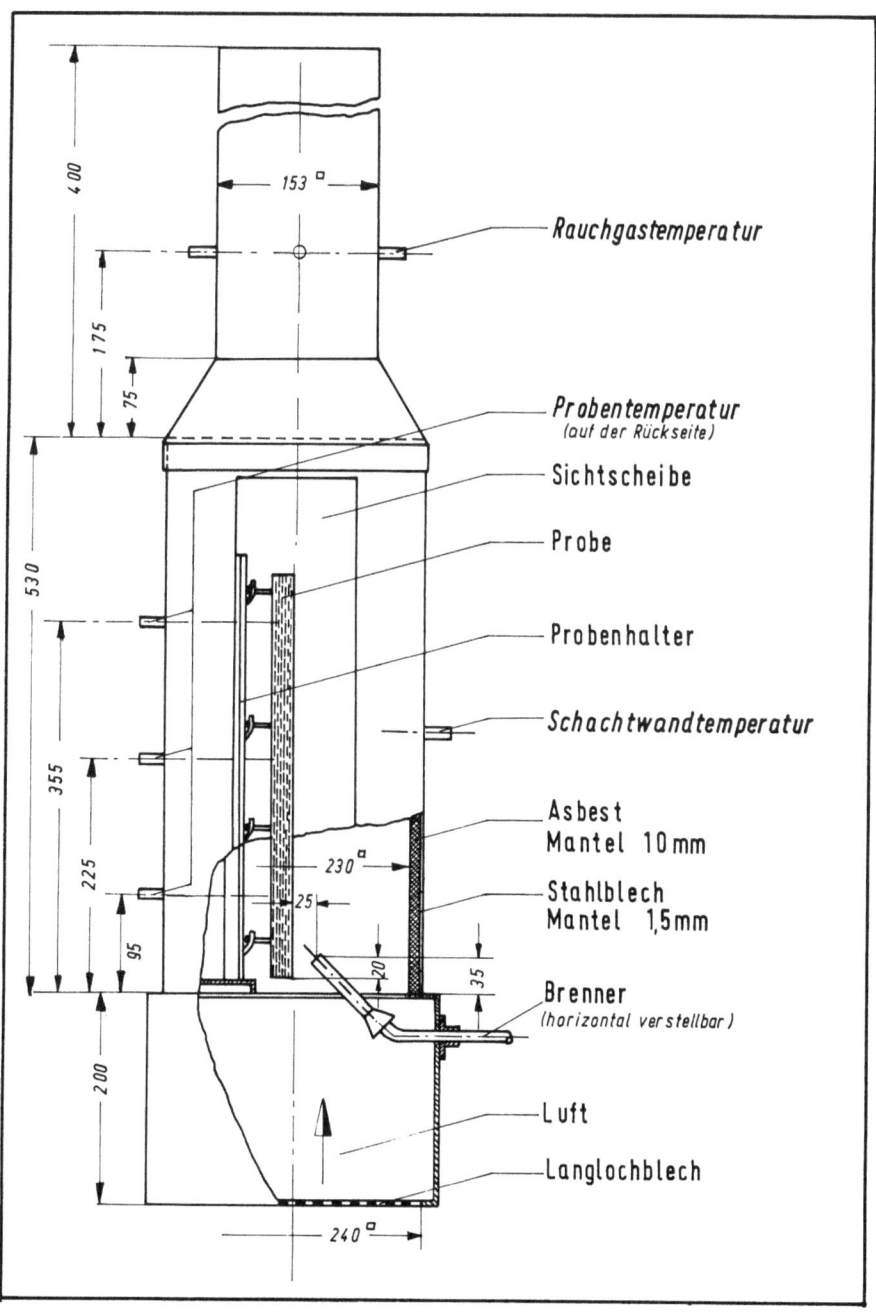

Bild 1   WKI – Brandschacht
Prüfbedingungen: Wärmezufuhr: 10,8 Kcal/min (Stadt- bzw. Erdgas)
Luftmenge: 3 m³/min – 0,2 m³/min
Schachtwandtemperatur: 40° C ± 5° C
(vor Versuchsbeginn)
Rauchgastemperatur: 25°C ± 5°C
(vor Versuchsbeginn)

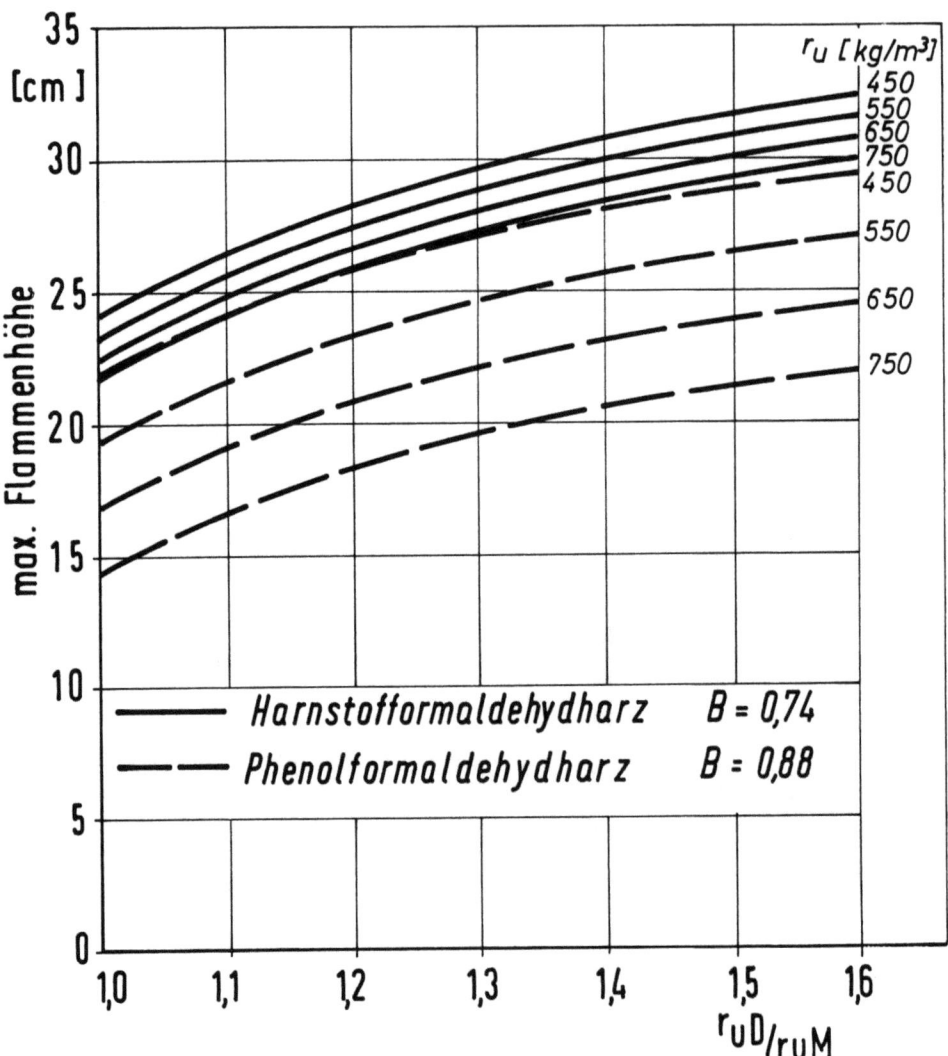

Bild 2 Brandverhalten von ungeschützten einschichtigen Spanplatten aus Kiefernholz. Maximale Flammenhöhe in Abhängigkeit von Rohdichtedifferenzierung r_{uD}/r_{uM} und Plattenrohdichte
Spandicke: 0,4 mm; Plattendicke: 20 mm; Bindemittel: Harnstoff- bzw. Phenolformaldehydharz

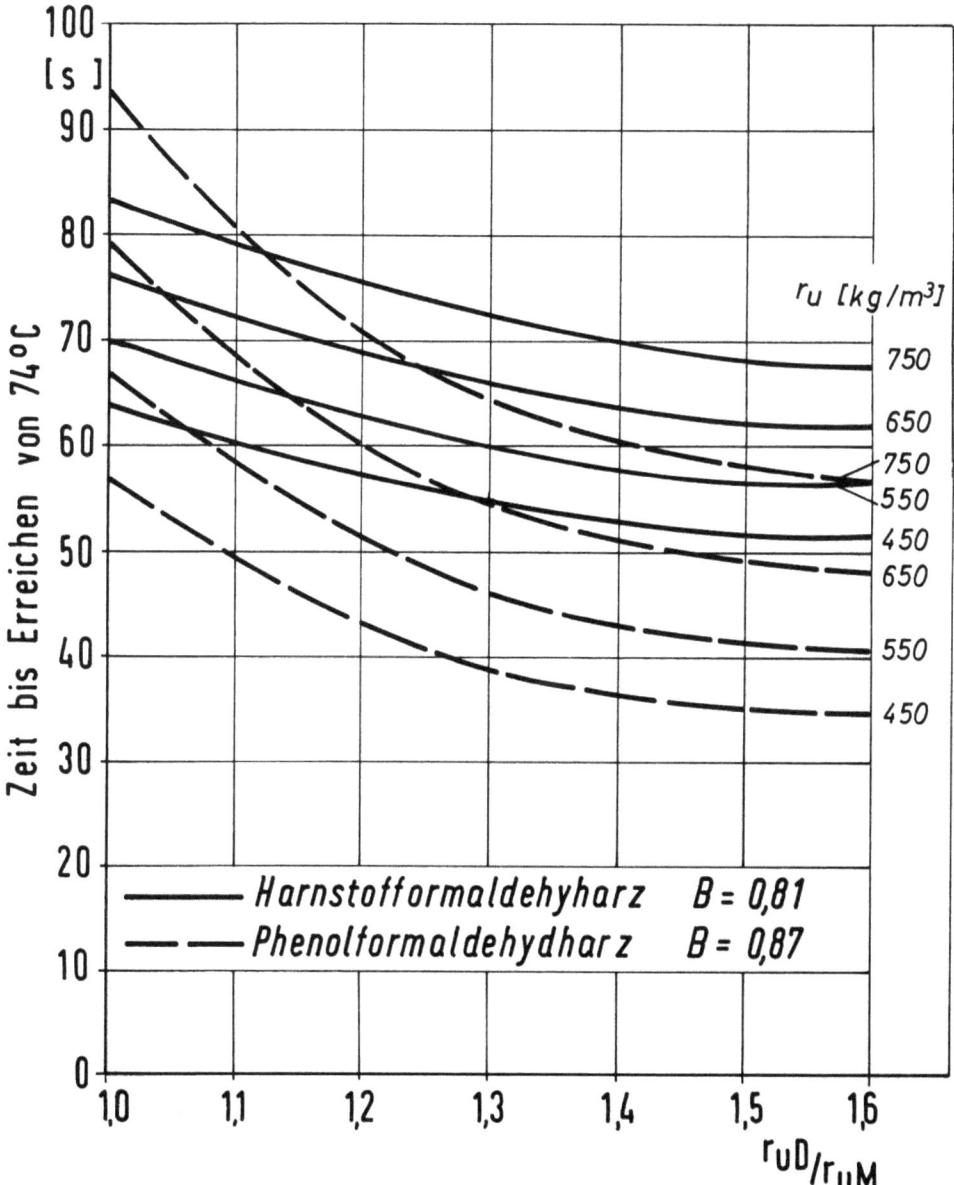

Bild 3 Brandverhalten von ungeschützten einschichtigen Spanplatten aus Kiefernholz. Zeit bis Erreichen von 74°C Rauchgastemperatur in Abhängigkeit von Rohdichtedifferenzierung und Spandicke.
Spandicke: 0,4 mm; Plattendicke: 20 mm; Bindemittel: Harnstoff- bzw. Phenolformaldehydharz

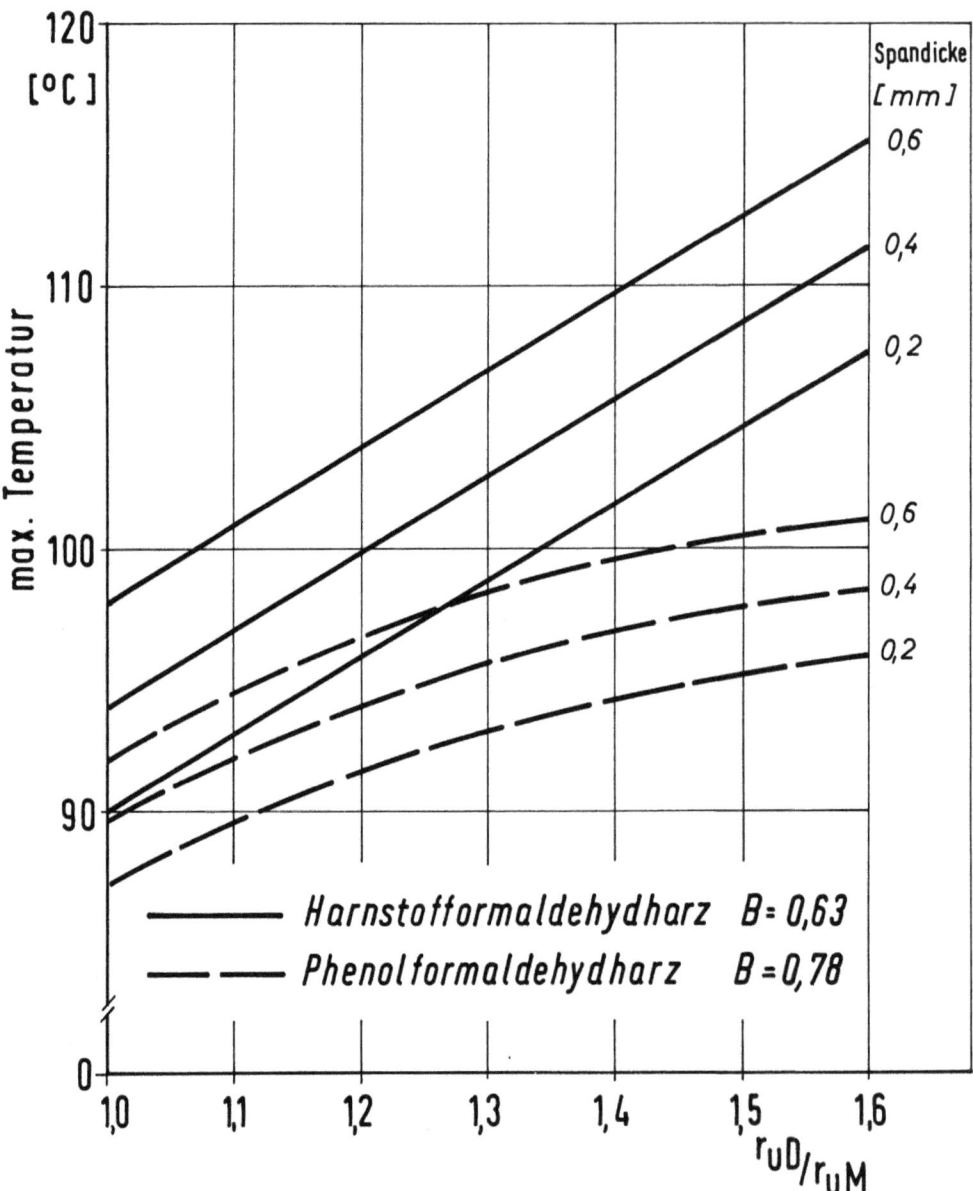

Bild 4   Brandverhalten von ungeschützten einschichtigen Spanplatten aus Kiefernholz. Maximale Rauchgastemperatur in Abhängigkeit von Rohdichtedifferenzierung und Spandicke
Plattendicke: 20 mm; Bindemittel: Harnstoff- bzw. Phenolformaldehydharz

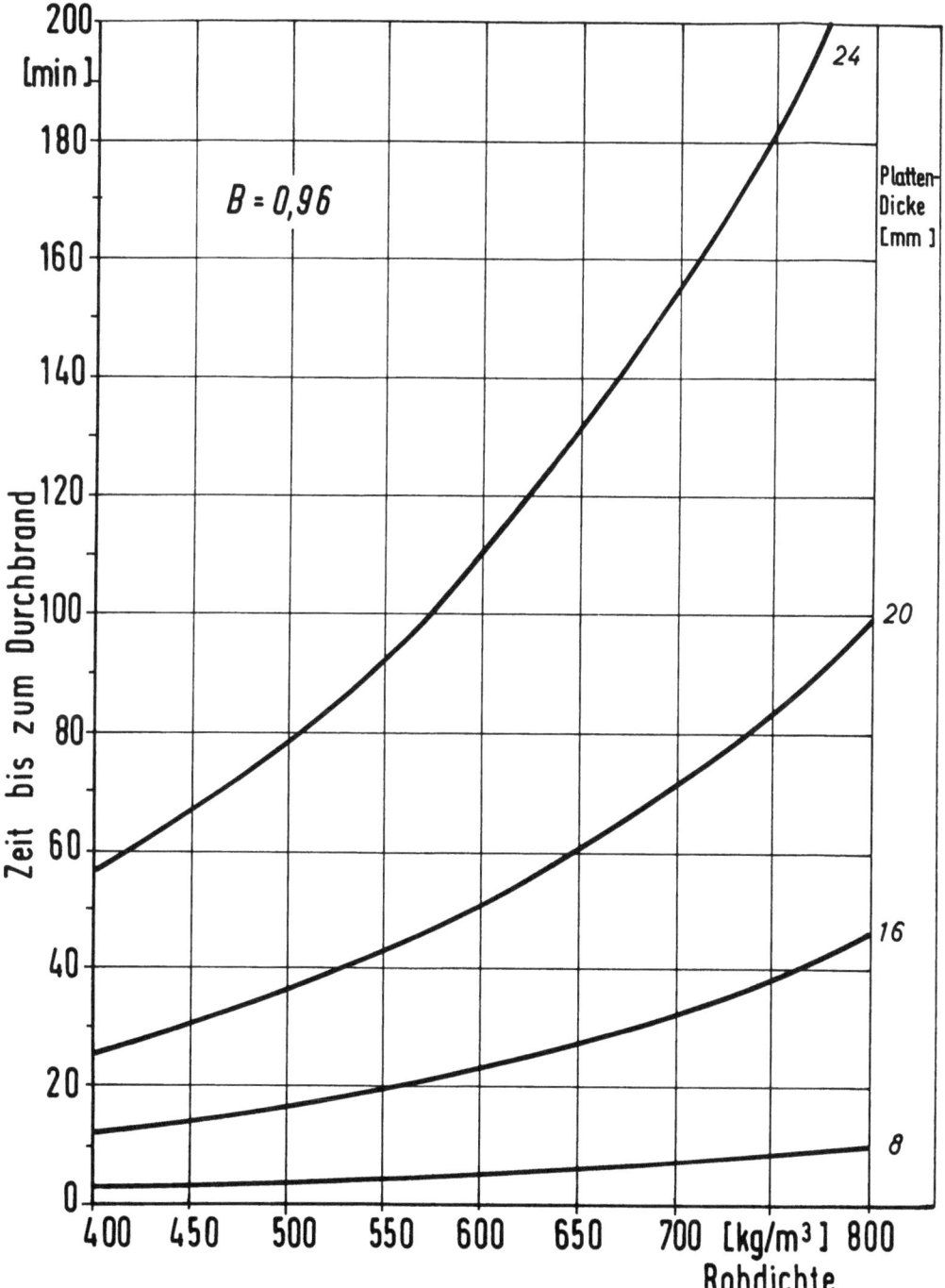

Bild 5 Brandverhalten von ungeschützten einschichtigen Spanplatten aus Kiefernholz. Zeit bis zum Durchbrand in Abhängigkeit von Plattenrohdichte und Plattendicke

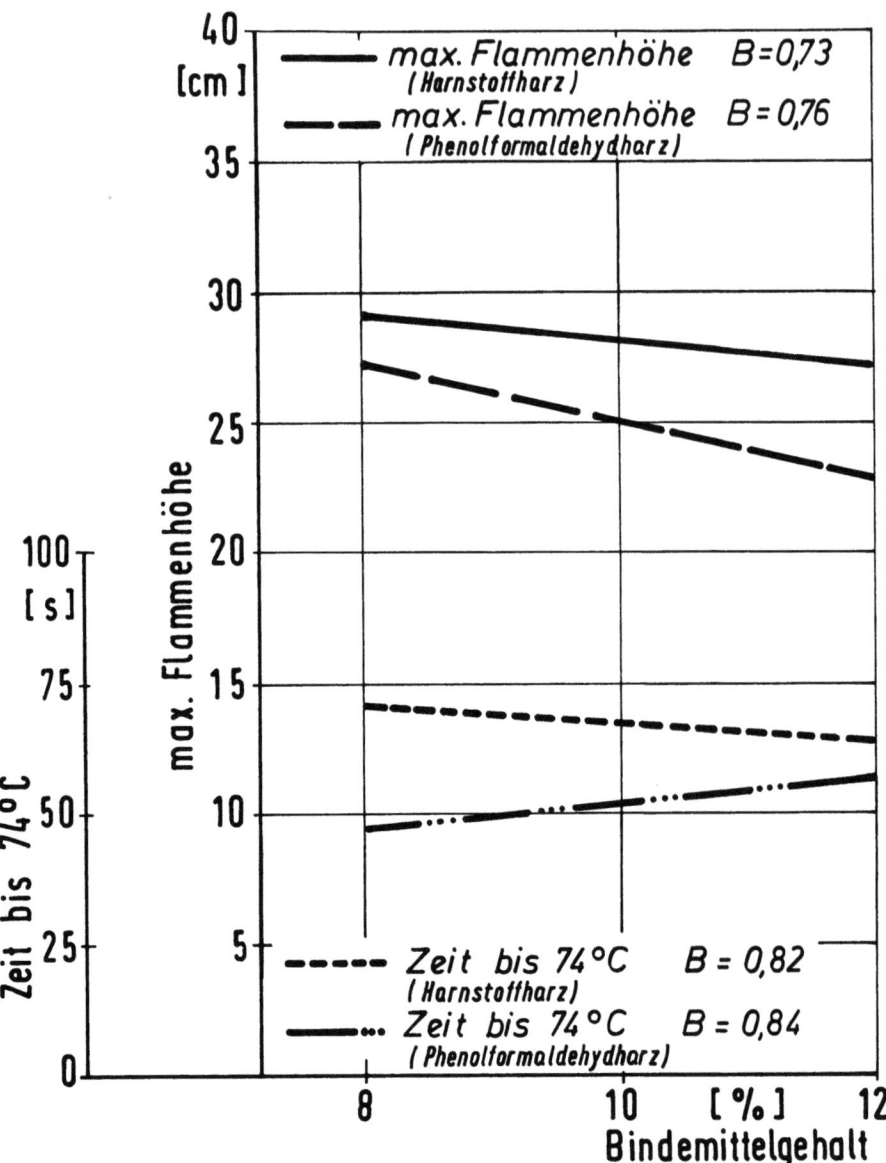

Bild 6 Brandverhalten von ungeschützten einschichtigen Spanplatten aus Kiefernholz. Zeit bis Erreichen von 74° C und maximale Flammenhöhe in Abhängigkeit von Bindemittelgehalt und Bindemitteltyp (Harnstoff-u.Phenolformaldehydharz). Plattenrohdichte: 650 kg/m³; Plattendicke: 20 mm; Spandicke: 0,4 mm, r_{uD}/r_{uM}: 1,3

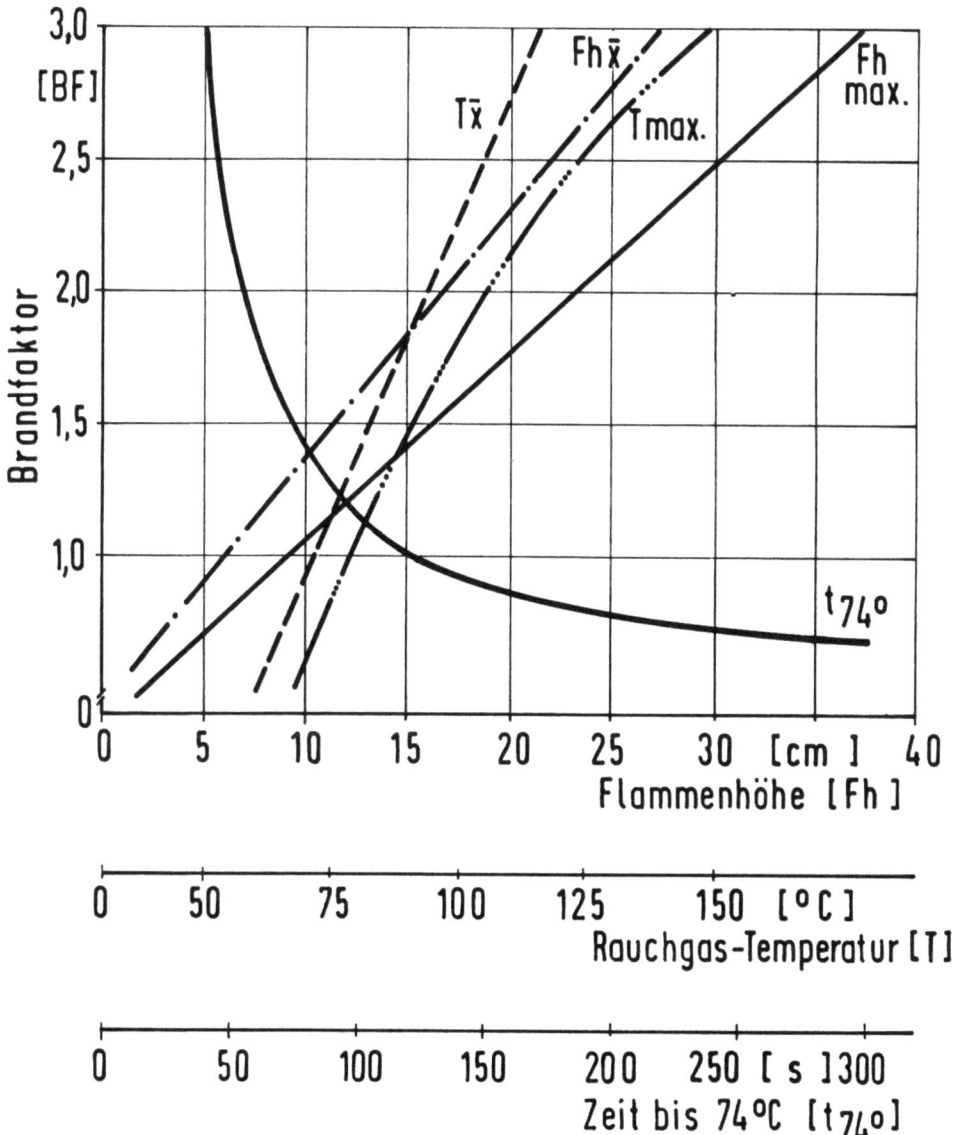

Bild 7 Brandverhalten von ungeschützten und geschützten einschichtigen Spanplatten. Einfluß der Prüfkriterien "maximale Rauchgastemperatur (T max), "maximale Flammenhöhe (Fh max)", "mittlere Rauchgastemperatur $T\bar{x}$)", "mittlere Flammenhöhe (Fh $\bar{x}$)" und "Zeit bis Erreichen von $74°$ C" auf den Brandfaktor BF

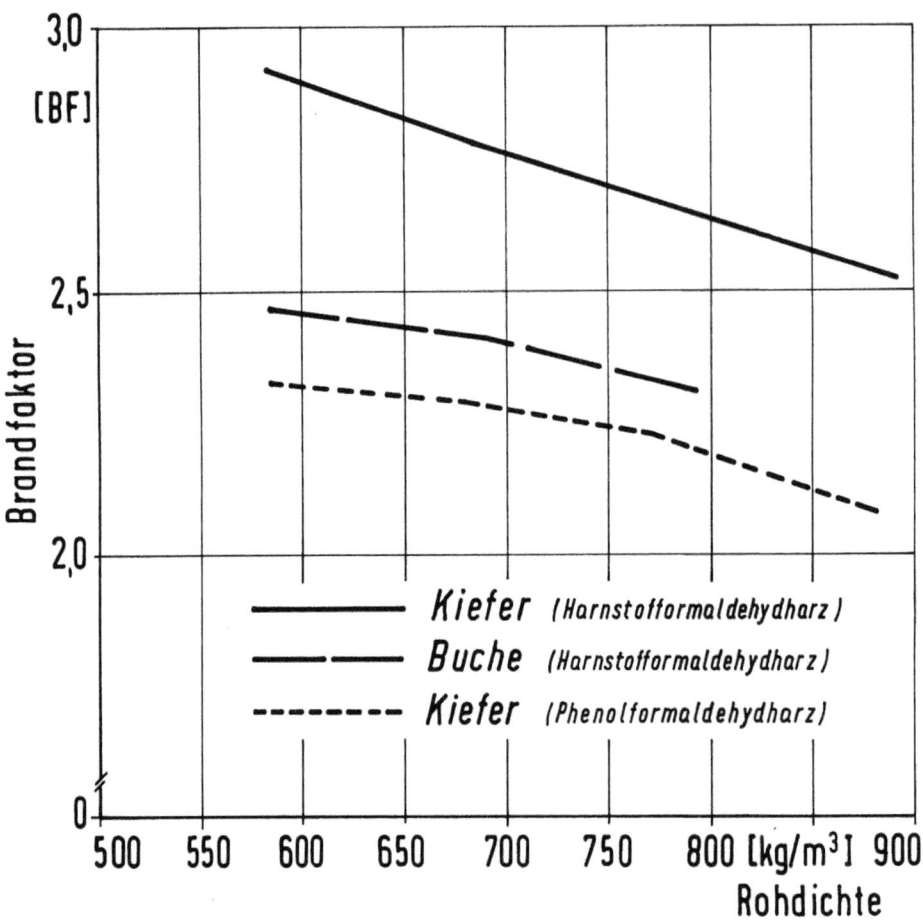

Bild 8   Brandverhalten von ungeschützten, einschichtigen Spanplatten aus Buchen- und Kiefernholz. Bandfaktor BF in Abhängigkeit von Plattenrohdichte und Bindemitteltyp (Harnstoff- und Phenolformaldehydharz)

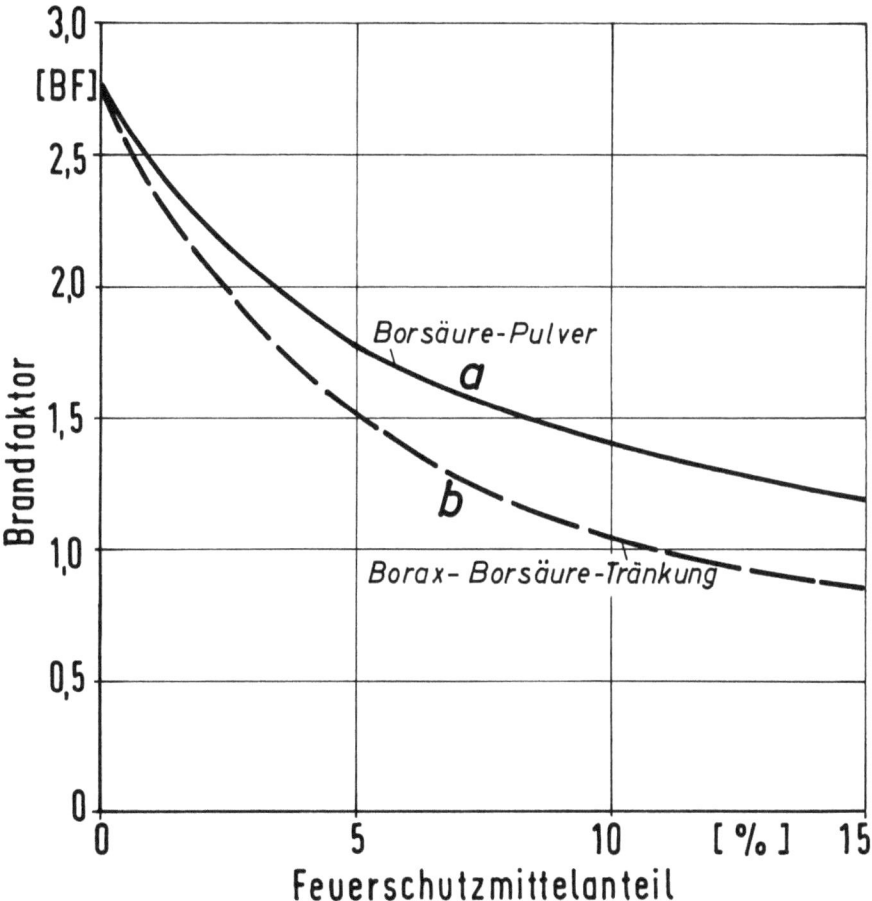

Bild 9 Brandverhalten von ungeschützten und geschützten einschichtigen
Spanplatten aus Kiefernholz. Brandfaktor BF in Abhängigkeit
von Feuerschutzmittelmenge und Einbringungsart
Feuerschutzmittel und
Einbringungsart: a) Borsäure-Pulver, Untermischen unter die
beleimten Späne
b) Borax-Borsäure-Lösung (1 : 1), Tränkung der
unbeleimten Späne und Nachtrocknung

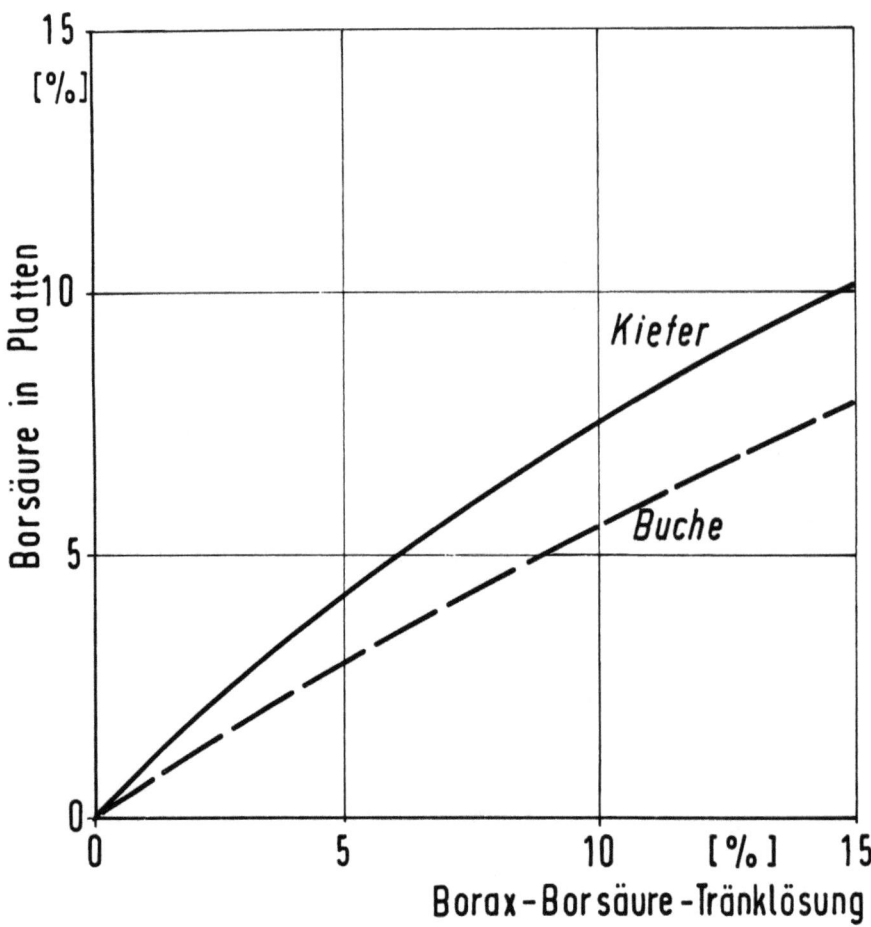

Bild 9 a Borsäuregehalt in Spanplatten aus Kiefern- und Buchenholz in Abhängigkeit von der Konzentration der Tränklösung (Borax - Borsäure 1 : 1)

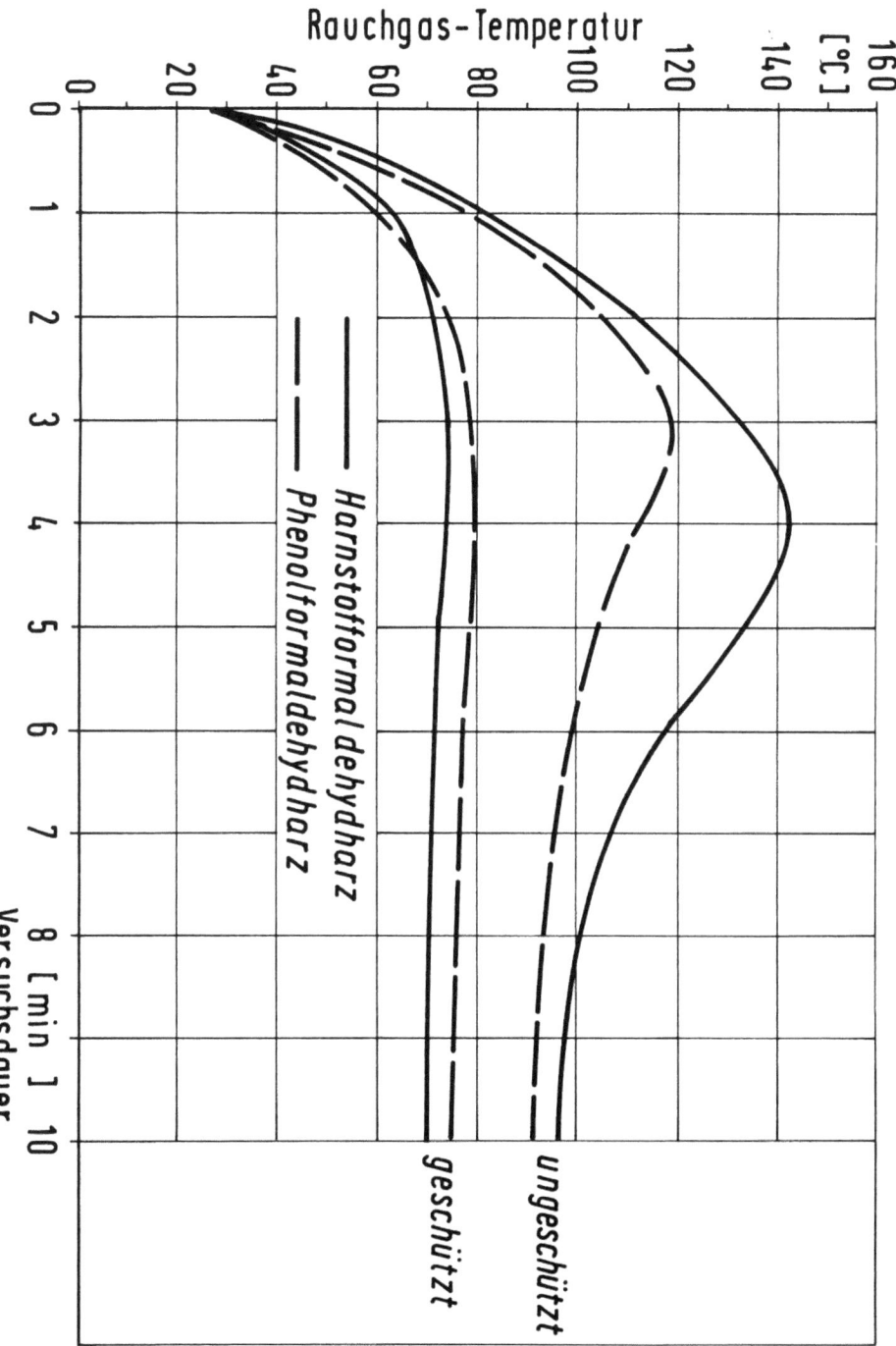

Bild 10 Brandverhalten von geschützten und ungeschützten Spanplatten aus Kiefernholz. Rauchgas-Temperaturverlauf in Abhängigkeit von der Versuchszeit
Plattenrohdichte: 700 kg/m^3; Plattendicke: 20 mm;

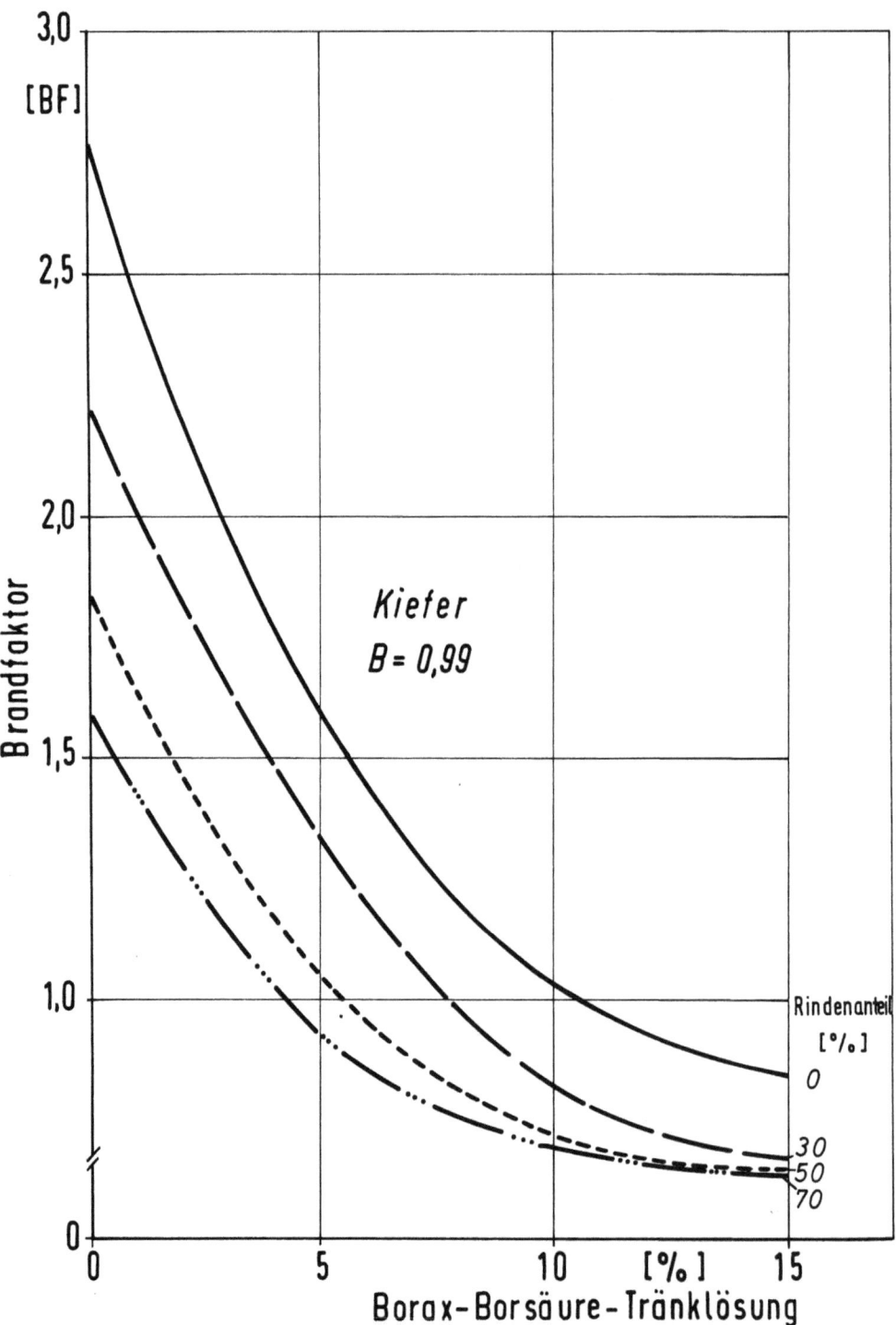

Bild 11 Brandverhalten von ungeschützten und geschützten einschichtigen Spanplatten aus Kiefernholz ohne und mit Rindenzusatz. Brandfaktor BF in Abhängigkeit von der Konzentration der Tränklösung und vom Rindenanteil
Plattenrohdichte: 700 kg/m³; Plattendicke: 20 mm

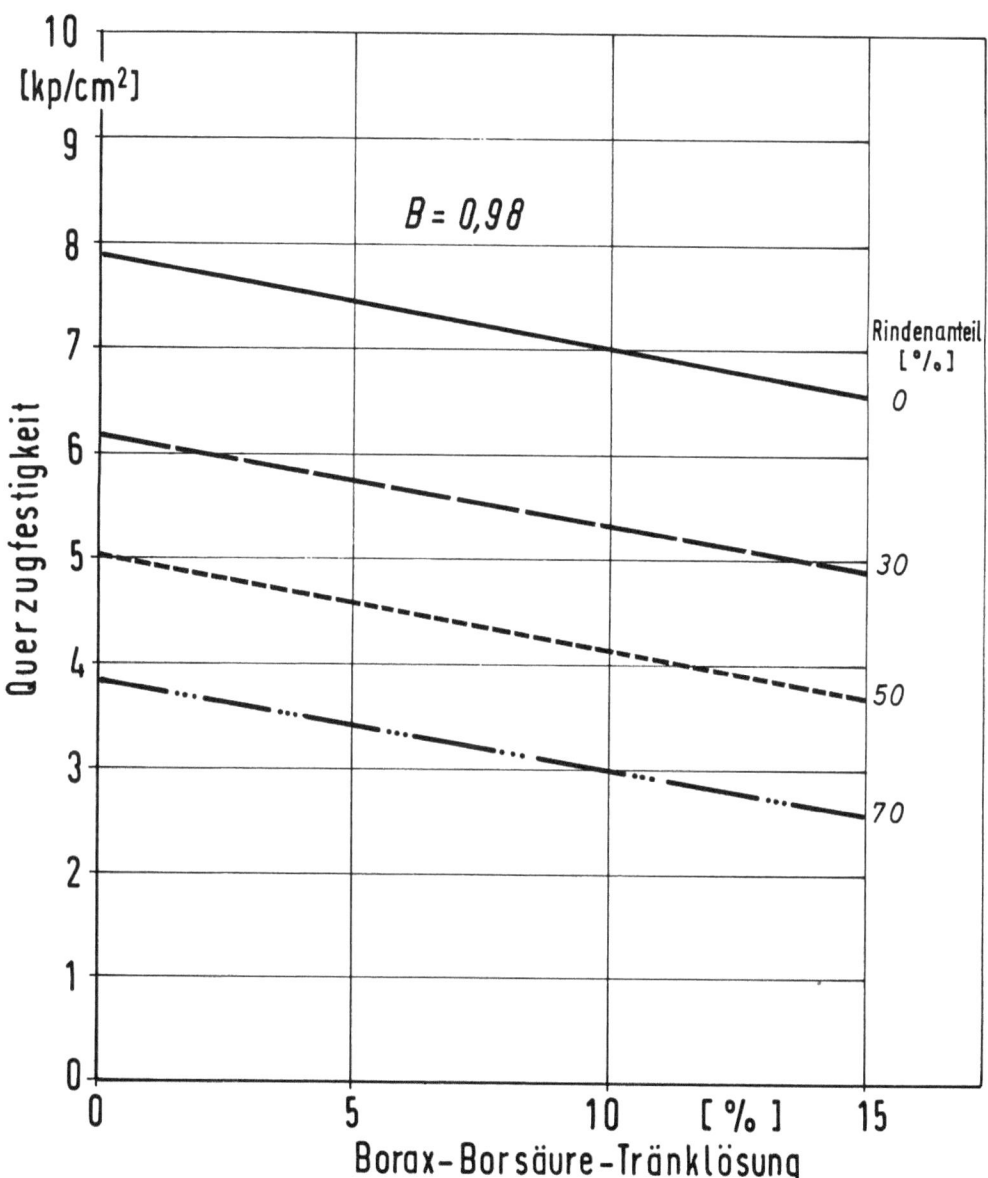

Bild 12   Querzugfestigkeit von ungeschützten und geschützten einschichtigen
Spanplatten aus Kiefernholz ohne und mit Rindenzusatz in Abhängig-
keit von der Konzentration der Tränklösung und vom Rindenanteil
Plattenrohdichte: 700 kg/m^3; Plattendicke: 20 mm
Feuerschutzbehandlung: Tränkung der Späne in Borax - Borsäurelösung
Bindemittel: 8 % Harnstoff-Formaldehydharz

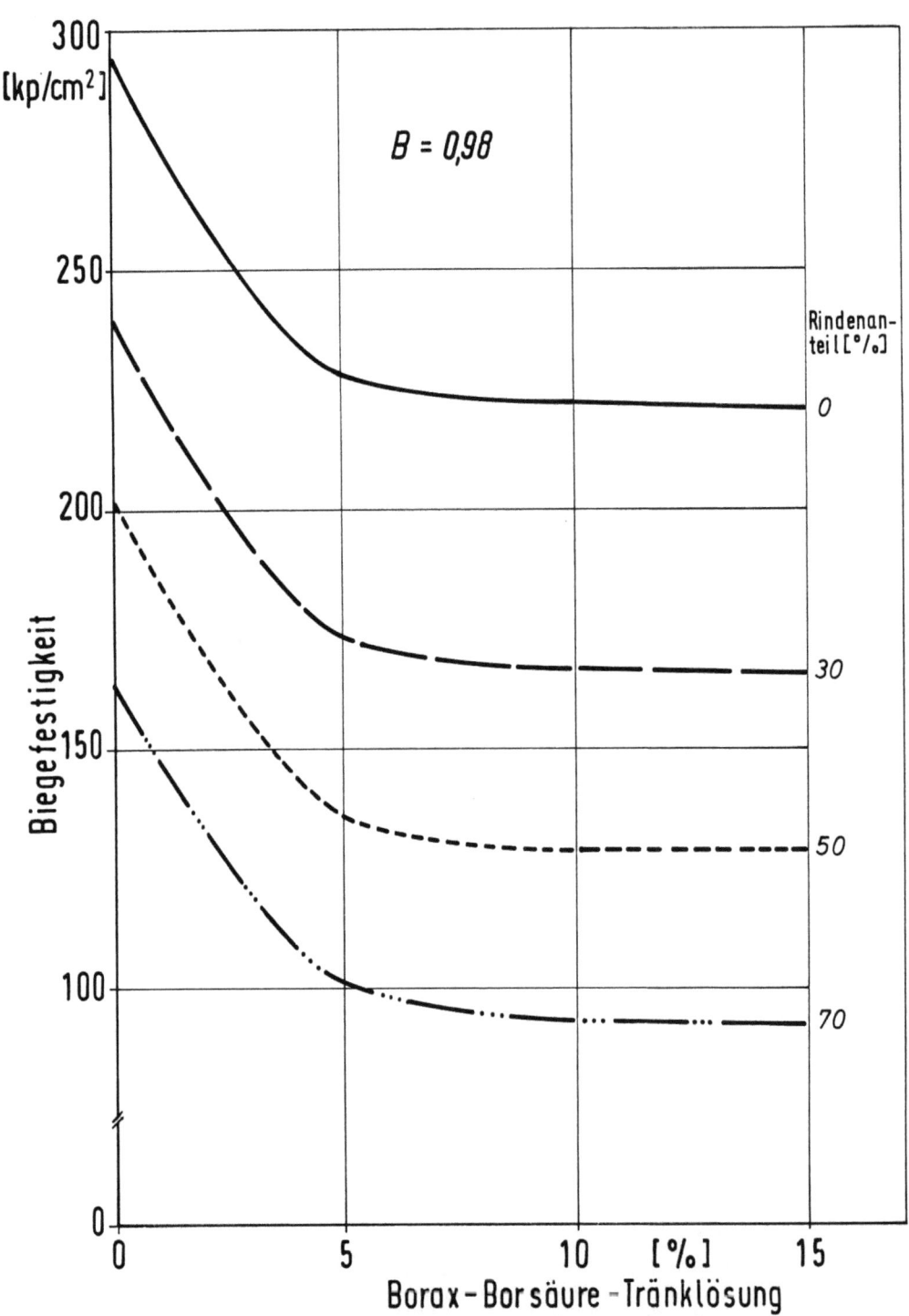

Bild 13 Biegefestigkeit von ungeschützten und geschützten einschichtigen Spanplatten aus Kiefernholz ohne und mit Rindenzusatz in Abhängigkeit von der Konzentration der Tränklösung und vom Rindenanteil
Plattenrohdichte: 700 kg/m^3; Plattendicke: 20 mm;

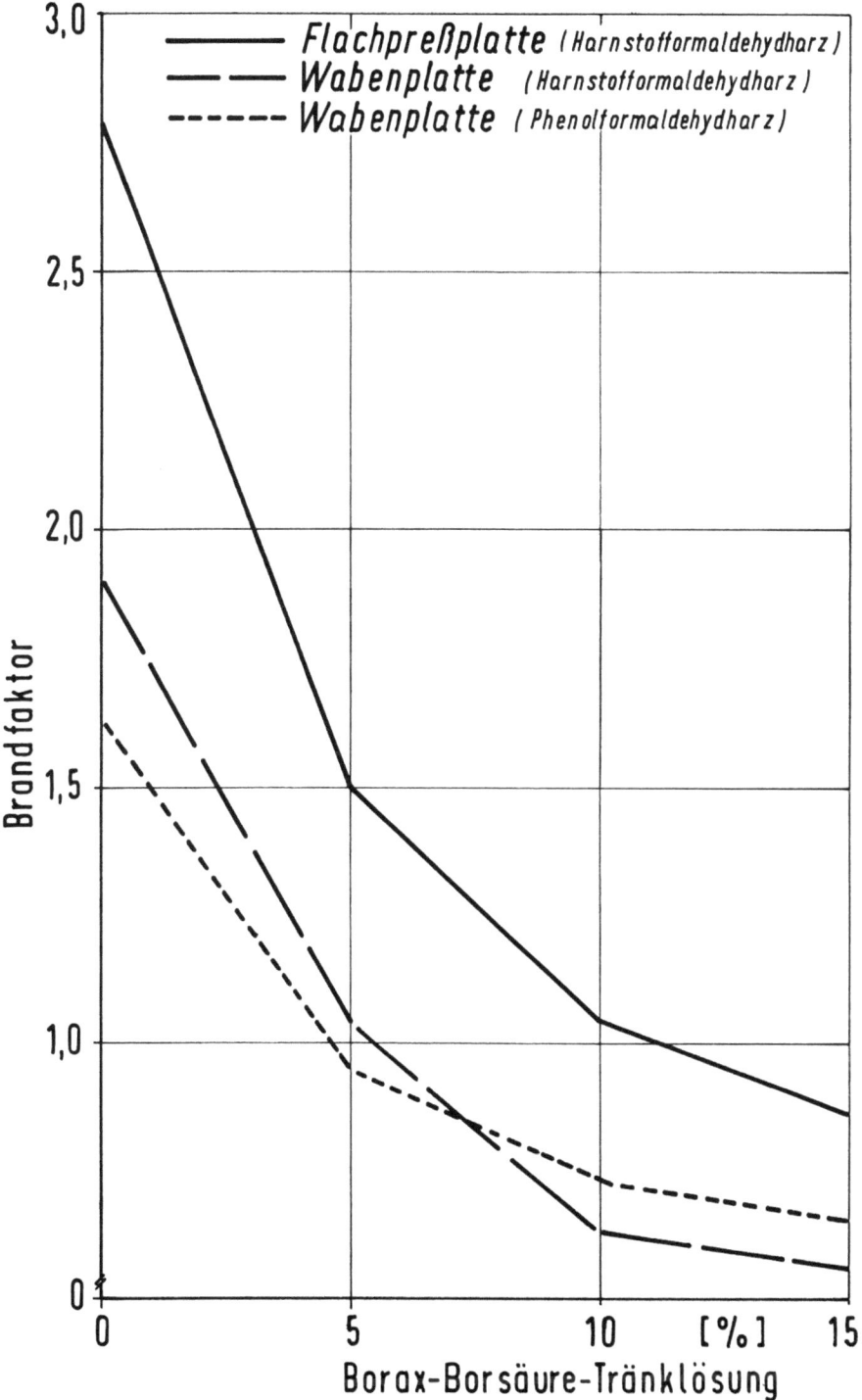

Bild 14 Brandverhalten (Brandfaktor BF) von ungeschützten und geschützten Wabenplatten und Flachpreßplatten in Abhängigkeit von der Konzentration der Tränklösung
Plattenrohdichte: 700 kg/m^3 (netto); Plattendicke: 20 mm;

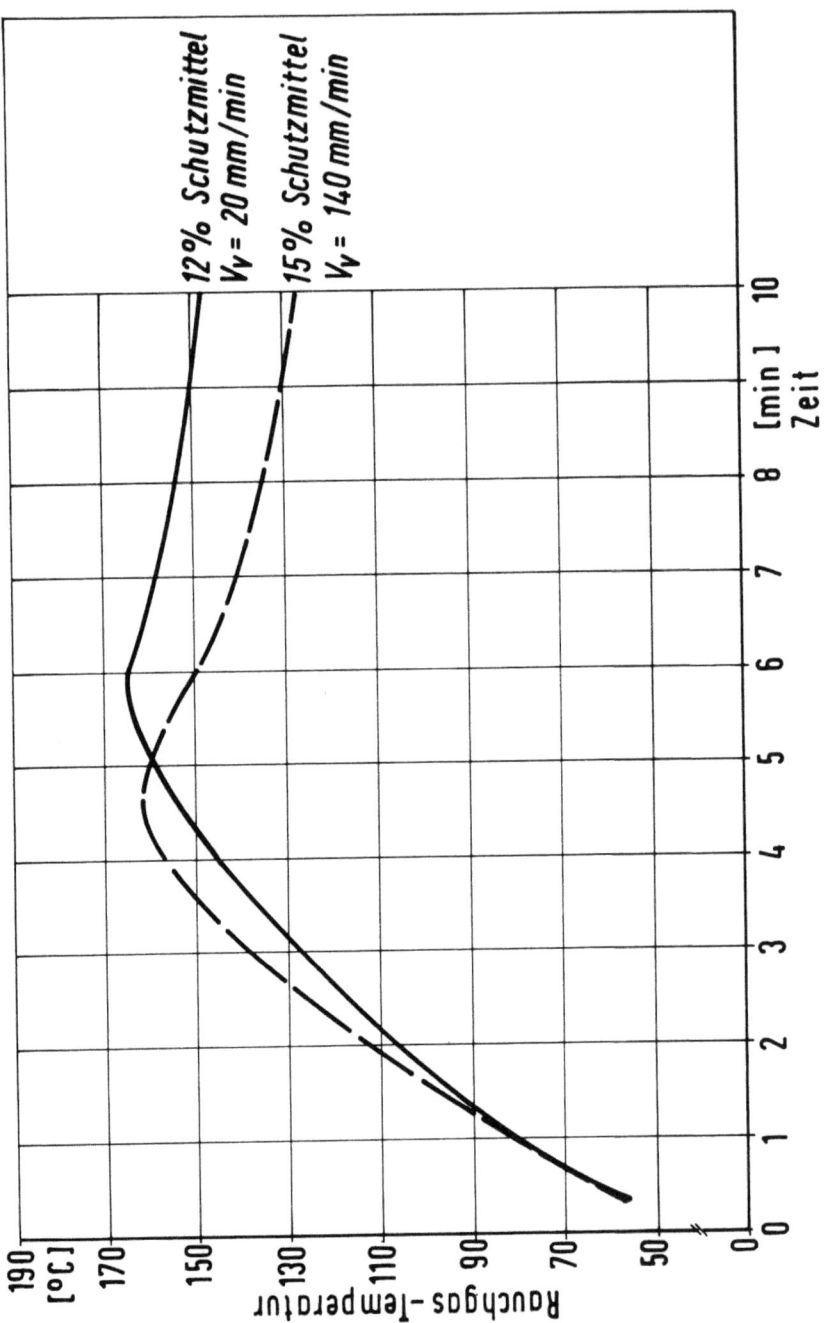

Bild 15 Brandverhalten im DIN-Schacht. Verlauf der Rauchgastemperatur in Abhängigkeit von der Versuchszeit bei zwei verschieden gepreßten und mit unterschiedlichem Schutzmittelanteil versehenen Spanplatten aus Industriespangut
Plattendicke: 20 mm; Plattenrohdichte: 735 kg/m^3;
Feuerschutzbehandlung: Tränkung der Späne in Borax-Borsäurelösung
Platte a) 15 %-ige; Platte b) 12 %-igeLösung

Forschungsberichte des Landes Nordrhein-Westfalen

Herausgegeben im Auftrage des Ministerpräsidenten Heinz Kühn
vom Minister für Wissenschaft und Forschung Johannes Rau

Sachgruppenverzeichnis

Acetylen · Schweißtechnik
Acetylene · Welding gracitice
Acétylène · Technique du soudage
Acetileno · Técnica de la soldadura
Ацетилен и техника сварки

Arbeitswissenschaft
Labor science
Science du travail
Trabajo científico
Вопросы трудового процесса

Bau · Steine · Erden
Constructure · Construction material ·
Soilresearch
Construction · Matériaux de construction ·
Recherche souterraine
La construcción · Materiales de construcción ·
Reconocimiento del suelo
Строительство и строительные материалы

Bergbau
Mining
Exploitation des mines
Minería
Горное дело

Biologie
Biology
Biologie
Biologia
Биология

Chemie
Chemistry
Chimie
Quimica
Химия

Druck · Farbe · Papier · Photographie
Printing · Color · Paper · Photography
Imprimerie · Couleur · Papier · Photographie
Artes gráficas · Color · Papel · Fotografía
Типография · Краски · Бумага · Фотография

Eisenverarbeitende Industrie
Metal working industry
Industrie du fer
Industria del hierro
Металлообрабатывающая промышленность

Elektrotechnik · Optik
Electrotechnology · Optics
Electrotechnique · Optique
Electrotécnica · Optica
Электротехника и оптика

Energiewirtschaft
Power economy
Energie
Energia
Энергетическое хозяйство

Fahrzeugbau · Gasmotoren
Vehicle construction · Engines
Construction de véhicules · Moteurs
Construcción de vehículos · Motores
Производство транспортных средств

Fertigung
Fabrication
Fabrication
Fabricación
Производство

Funktechnik · Astronomie
Radio engineering · Astronomy
Radiotechnique · Astronomie
Radiotécnica · Astronomía
Радиотехника и астрономия

Gaswirtschaft
Gas economy
Gaz
Gas
Газовое хозяйство

Holzbearbeitung
Wood working
Travail du bois
Trabajo de la madera
Деревообработка

Hüttenwesen · Werkstoffkunde
Metallurgy · Materials research
Métallurgie · Matériaux
Metalurgia · Materiales
Металлургия и материаловедение

Kunststoffe
Plastics
Plastiques
Plásticos
Пластмассы

Luftfahrt · Flugwissenschaft
Aeronautics · Aviation
Aéronautique · Aviation
Aeronáutica · Aviación
Авиация

Luftreinhaltung
Air-cleaning
Purification de l'air
Purificación del aire
Очищение воздуха

Maschinenbau
Machinery
Construction mécanique
Construcción de máquinas
Машиностроительство

Mathematik
Mathematics
Mathématiques
Matemáticas
Математика

Medizin · Pharmakologie
Medicine · Pharmacology
Médecine · Pharmacologie
Medicina · Farmacología
Медицина и фармакология

NE-Metalle
Non-ferrous metal
Metal non ferreux
Metal no ferroso
Цветные металлы

Physik
Physics
Physique
Física
Физика

Rationalisierung
Rationalizing
Rationalisation
Racionalización
Рационализация

Schall · Ultraschall
Sound · Ultrasonics
Son · Ultra-son
Sonido · Ultrasónico
Звук и ультразвук

Schiffahrt
Navigation
Navigation
Navegación
Судоходство

Textilforschung
Textile research
Textiles
Textil
Вопросы текстильной промышленности

Turbinen
Turbines
Turbines
Turbinas
Турбины

Verkehr
Traffic
Trafic
Tráfico
Транспорт

Wirtschaftswissenschaften
Political economy
Economie politique
Ciencias economicas
Экономические науки

Einzelverzeichnis der Sachgruppen bitte anfordern

Westdeutscher Verlag GmbH
– Auslieferung Opladen –
567 Opladen, Postfach 1620

MIX
Papier aus verantwortungsvollen Quellen
Paper from responsible sources
FSC® C105338

If you have any concerns about our products,
you can contact us on
ProductSafety@springernature.com

In case Publisher is established outside the EU,
the EU authorized representative is:
**Springer Nature Customer Service Center GmbH
Europaplatz 3, 69115 Heidelberg, Germany**

Printed by Libri Plureos GmbH
in Hamburg, Germany